CONCOURS RÉGIONAL DE BOURG.

CONSEILS
AUX EXPOSANTS DE L'AIN.

APERÇU DE STATISTIQUE AGRONOMIQUE

PAR

Alexandre SIRAND,

Juge au Tribunal de Bourg,
Membre de plusieurs Sociétés savantes.

Multa paucis.

BOURG,

IMPRIMERIE DE MILLIET-BOTTIER.

Mai 1859.

CONSEILS

AUX EXPOSANTS DE L'AIN.

APERÇU DE STATISTIQUE AGRONOMIQUE

PAR

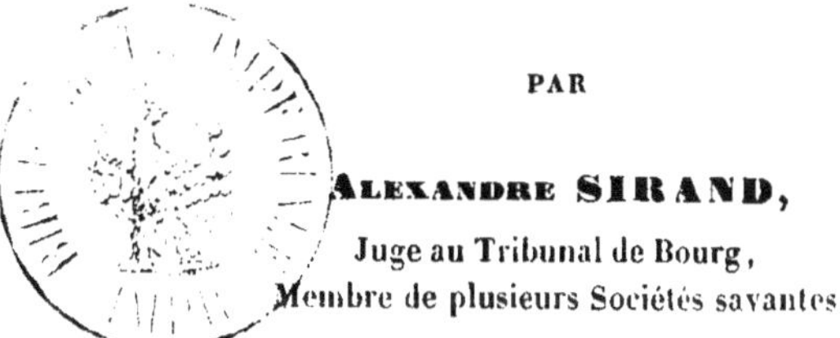

Alexandre SIRAND,

Juge au Tribunal de Bourg,
Membre de plusieurs Sociétés savantes.

Multa paucis.

BOURG,

IMPRIMERIE DE MILLIET-BOTTIER,

Mai 1859.

Préface.

—

J'ai livré à l'impression cet aperçu rapide de notre statistique agronomique et industrielle dans le but d'être utile aux habitants de la campagne. Ils me liront et me comprendront peu cependant, je n'ai pu me mettre assez à leur portée; le sujet, relevé par sa nature et par ses détails, était difficile à traiter avec la simplicité du langage.

Les gens instruits voudront bien y suppléer en expliquant ce qui ne serait pas bien saisi.

Quoique étant le résultat d'une circonstance passagère, cet écrit, j'ose l'espérer, sera parcouru avec fruit dans la suite. Je me suis appliqué à lui donner quelques germes de vie, en y introduisant des préceptes et des notions qu'on peut consulter à chaque instant. On sent que je devais être bref, c'est à mon grand regret. J'aurais aimé à m'étendre davantage, et sans doute beaucoup de points, incomplets ici, y auraient gagné... J'ai voulu être concis et arriver tôt, j'aurai peut-être été long et je paraîtrai tard; l'impression m'a pris du temps, je dois échouer !...

La réforme des basses-cours de Bresse a motivé mon attention et en partie cet écrit même ; j'ai voulu faire connaître par mes expériences ce qu'il importait de savoir pour remédier à l'altération de nos belles et bonnes volailles.

En fait d'introduction et de mélanges de gallinacés, se guérira-t-on de cet amour du nouveau? Saura-t-on réformer ses poulets *surcroisés* de mille types plus ou moins abâtardis? Je comprends qu'il faut du temps en ce qui concerne les ignorants; quant aux intelligents, ils peuvent faire bien du premier coup, mais il faut de la résolution et sacrifier jusqu'au dernier poulet prétendu bressan.

Je n'ai pas eu l'intention de tout dire sur les différents genres de production du pays; cela ne se pouvait dans un écrit rapide; mais je dois espérer peut-être que si les habitants de notre contrée n'y trouvent pas tout ce qu'ils désirent, les étrangers qui me liront auront acquis quelques connaissances sur notre département.

J'attache quelqu'importance à ce que j'ai dit au sujet des basses-cours, et je me suis appliqué à résumer tout ce qu'on sait et qu'on publie aujourd'hui sur ce sujet désormais inévitable. La gallinoculture sagement entendue est facile, mais il faut de l'intelligence et de l'étude pour réussir; expérimentons avec soin, notons tout et profitons du bon! (C. e. q. je v. s.!....)

CONSEILS AUX EXPOSANTS DE L'AIN

POUR

LE CONCOURS RÉGIONAL DE MAI 1859.

Une solennité se prépare pour notre département et bien que neuf de nos voisins soient appelés à y paraître, il est certain que la plus large part nous est réservée.

En effet, la prime d'honneur est spécialement attribuée à l'Ain. C'est donc à nous de nous montrer cette fois avec tous nos avantages.

L'an dernier, quoique le Concours ait eu lieu à Mâcon et à nos portes même, les exposants de l'Ain ont été peu nombreux. La cause en est facile à connaître; c'est que l'on ignorait complètement l'usage des Concours et qu'on ne savait pas assez le nombre et la nature des choses à exposer. Aussi, faut-il bien le dire ici, ces sortes de tournois agricoles sont très souvent le partage de quelques privilégiés qui se montrent à tous les Concours; qui en savent le fort et le faible et qui n'ayant à lutter qu'avec un petit nombre de concurrents, se voient facilement adjuger des prix peu disputés!... Cela est évident, et ce qui le démontrera aux plus incrédules, c'est l'exiguité du Concours de Mâcon!..

On a beaucoup prôné ses résultats, sa beauté; c'est louable sans doute et propre à soutenir l'utilité des Concours régionaux , que je suis loin de critiquer, mais était-ce vrai ?.. Les efforts de dix départements réunis devaient faire dix fois plus. Celui de Saône-et-Loire a presque seul fourni son contingent; je ne crains pas de le dire: si l'Ain voulait et *pouvait* se montrer dans tout son jour, il occuperait avantageusement à lui seul tout l'espace réservé à l'exposition. C'est pour le démontrer que je prends la plume; c'est encore pour répandre quelques avis que je crois utiles et surtout pour donner divers conseils sur plusieurs points spéciaux. Mes notions sur le pays me font un devoir de dire ce qui me paraît profitable.

Arrivons donc en force à l'exposition et venons-y escortés de la vérité; n'apportons que des produits sincères, pleins de valeur et propre à faire apprécier *le premier* département de France! Nos certificats seront en bonne forme quand notre loyauté personnelle les aura consacrés.

Rappelons que de longtemps un Concours *chez nous* ne saurait revenir! Il faut donc se montrer avec empressement.

—

Des avantages des expositions.

Je suis tellement éloigné de contester les avantages des expositions, que je commence par les faire ressortir, et à mon avis ils l'emportent sur les inconvénients; mais je ne saurais dissimuler ceux-ci, et chacun, dans l'intérêt du vrai, me semble avoir le droit de les connaître aussi.

Les expositions publiques ont été créées pour favoriser l'agriculture; l'intention est excellente, il ne lui manque que d'avoir un plein succès, et c'est ce qu'on leur conteste; mais qui pourrait arriver du premier coup à toucher le but, et celui-ci est des plus difficiles à atteindre ?... Il y a tant de bonnes choses à introduire, qui ne peuvent mordre sans effort! Il se trouve un si grand nombre d'abus et de pratiques vicieuses à réformer, que ce n'est que par des prédications et des insistances soutenues qu'on doit se flatter d'arriver!

Les expositions, en rassemblant sur un point donné une masse d'hommes, répandent les lumières, et chacun fait son profit, *son miel*, de bien des choses. Plus d'un d'entre nous qui par amour-propre différait une réforme dans sa culture, dans son administration rurale ou domestique, se promet, à part lui, de trouver remède à bien des pratiques erronnées, quand il a vu qu'on fait mieux ailleurs et qu'il ne peut plus rester en arrière!

C'est aux expositions qu'on aperçoit les divers perfectionnements utiles; elles donnent à ceux qui ne l'ont pas assez, le goût de l'agriculture, et, nous le voyons chaque jour, cela gagne de proche en proche. Les cultivateurs sont plus disposés à sortir de leur routine et se laissent aller peu à peu à changer leur pratique, souvent vicieuse ou arriérée; ils sont excités par l'exemple, dans le désir d'avoir des animaux meilleurs. Ils voient mieux et comparent avec avantage, étant sur place et en présence d'un bétail superbe! Ils ne peuvent s'empêcher d'applaudir, s'ils sont assez connaisseurs, pour voir que les animaux primés réunissent mille attributs qui manquent aux leurs; leur goût se forme ainsi peu à peu; puis le voisin plus intelligent, plus hardi, imite à l'instant ce qu'il a vu, et bientôt les plus retardataires vont faire comme lui!

Les expositions favorisent encore les inventions, et dans le nombre il finit par s'en trouver d'excellentes; le jour n'est pas loin où les machines qui tendent à simplifier le travail agricole et à venir en aide au manque de bras, le jour n'est pas loin où ces machines seront adoptées partout; il ne leur faut plus que d'être moins coûteuses. Cela viendra, il en est temps vraiment; car de toute part on se plaint en France que les serviteurs ruraux désertent les champs pour encombrer les villes.

Nos revues, nos journaux agricoles font des efforts très-grands pour répandre les bonnes pratiques et les perfectionnements, mais leur marche est lente; le progrès est plus rapide quand on a vu, entendu, comparé sur place, et c'est ce qui arrive à la suite de ces bonnes expositions. Ici se place une observation; l'essai des machines, à part celles qui réclament un champ spécial, se fait dans l'exposition même, mais avant le jour où le public est gratuitement admis. Il en résulte que beaucoup de cultivateurs, *les premiers intéressés* dans ces questions, n'ont pas vu, et que, dans tous les cas, la foule les empêche d'examiner....

Je désire qu'on trouve un remède à cet inconvénient.

Pour ceux qui se livrent à l'élève du bétail, ce n'est bien souvent que dans une exposition qu'ils pourront trouver réunis ce grand nombre d'animaux de tout genre, et là seulement qu'il est donné à un cultivateur qui ne sort jamais ou très-rarement de chez lui, d'étudier les croisements divers qui peuvent l'intéresser.... Puis alors qu'il voit quels sont les animaux primés pour leur réussite et leur belle conformation, il sait où est la bonne voie à suivre et il importe qu'il évite ainsi ces mécomptes funestes à l'agriculture. Ces accidents ne nous ont que trop souvent détournés presqu'à jamais de l'adoption des perfectionnements nouveaux! Il en est de même de toutes les expériences manquées lors de l'essai des machines. Mais aussi pourquoi donner du blé vert à la moissonneuse, elle qui ne s'alimente que d'épis secs? Aujourd'hui, on a sagement remis l'expérimentation des machines à moissonner, à l'époque de la récolte.

Je n'ai pas la prétention, à coup sûr, de dire sur les concours agricoles tout ce qui milite en leur faveur; mais en terminant j'ajouterai que toujours nos cultivateurs qui sont adjoints aux jurys prennent au sein de ces réunions éclairées le goût du bon et du beau; ils entendent raisonner sagement, se font peu à peu de la sorte à nos manières, qui ne les tiennent plus en défiance, puis ils sont plus disposés à reporter chez leurs voisins ce qu'ils ont appris et touché de près; ceux-ci, à leur tour, adoptent plus vite ce qu'on leur apporte de nouveau et se laissent aller ainsi au progrès !...

Inconvénient des expositions.

J'éprouve un certain embarras en cherchant à énumérer les critiques adressées aux expositions; il semble que ce soit une attaque directe et qu'on tente de les saper par la base. Ces intentions sont loin de moi et je n'insisterai pas pour l'établir. Cela dit, il est du devoir d'un écrivain ami du vrai de rappeler ce qu'il connaît d'utile; de même que l'amour de son pays doit le porter à répandre ce qu'il sait pour prémunir ses concitoyens contre cette tendance des esprits légers à regarder comme bien ce qui est mal, et à se laisser entraîner par des démonstrations souvent pleines d'inconvénients; je vais m'expliquer dans un instant.

Les expositions ont un mauvais côté, il faut bien le reconnaître. Que de bons esprits ont mal traité ces distributions de primes et la façon dont ces dernières sont parfois obtenues !

Elles sont remportées trop souvent par quelques exposants, habiles à se produire et faibles praticiens, ou *peu sincères* dans ce qu'ils exposent ; tandis que de vrais soutiens de l'agronomie s'effacent et devraient seuls concourir ! Puis ces primes sont bien fréquemment distribuées dans le désert, je veux dire en l'absence de concurrents.

Ici je reconnais avec plaisir que ce reproche ne s'adresse pas à l'institution elle-même, et je m'empresse de déclarer que parmi les membres qui composent le jury, tous font leurs efforts pour être justes et impartiaux. Mais en ont-ils toujours les moyens ? Mon Dieu non ! Ceci posé, j'ajoute que l'objection que je viens de signaler conserve une grande partie de sa force.

C'est aux producteurs à se montrer, dira-t-on, pourquoi n'accourent-ils pas ? La réponse est facile ; et d'abord, on craint les faux frais, puis on dit : est-il sage d'arriver en nombre pour telle ou telle catégorie, quand il n'y a pour un cent que nous scrions que trois primes au plus !...

Multi vocati, pauci verò electi !

Ces réponses sont très-sérieuses, et c'est là une pierre d'achoppement contre laquelle tous les concours futurs auront à se briser plus ou moins ; et puis on verra se dresser en face de tous quelques hardis exposants qu'on retrouve presque dans chaque réunion. Mais il faut bien donner des primes ! n'attendent-elles pas le lauréat ! ne doit-on pas les employer (1) !

(1) M. Tisserant remarque, dans son rapport sur le Concours lyonnais de 1857, que l'exposition des produits agricoles, si elle est toujours la plus nombreuse, est pourtant l'une des

Je place ici toutefois une observation favorable aux Concours, car c'est de bonne foi que nous examinons le pour et contre qu'il faut savoir aborder franchement, et je le fais, qu'on le sache bien, uniquement pour qu'on s'efforce chaque fois d'y porter remède. Il est arrivé que des prix importants n'ont pas été décernés, parce qu'ils n'étaient pas mérités. Voilà qui est parfait et qui honore les jurys d'examen. Mais ajoutons : la chose a lieu rarement, et d'ordinaire le très-grand nombre des prix est toujours distribué, et dans le lot des heureux, il se rencontre des concurrents qui ont eu bien peu d'efforts à faire !...

Par exemple : pour les lots de gallinacés, lorsque dix départements concourent, n'est-il pas étonnant qu'il n'y ait qu'un exposant qui produise une série plus ou moins importante ! On lui donne le prix en argent comptant et une médaille aussi d'argent !... Il a eu grand'peine à obtenir tout cela, car si trois exposants sérieux se fussent montrés par chaque département, on aurait eu trente concurrents dont deux ou trois seulement pouvaient être primés, et alors le lauréat que je cite eût bien pu être éliminé ; mais il a profité de sa bonne fortune !...

Un fait pareil est à ma connaissance, et pour éviter toute personnalité offensante, bien loin de mes intentions, je ne citerai pas de noms ni de localité.

Maintenant quels sont en général ceux qui obtiennent des prix ? Ce sont bien souvent des gens qui ont de la fortune, ou bien des amateurs, curieux *pour eux-mêmes* d'élever tels ou tels animaux ; et tout cela arrive au concours et se met en ligne

plus faibles quant à la valeur et à la signification des objets. Il croit que si l'intelligence et la persévérance sont assurées d'avoir leur récompense, *l'adresse* et *le hasard* le sont bien souvent aussi, sans avantage réel pour l'agriculture.

pour enlever argent et médailles !... Aussi qu'on détruise bien vite, si on en a le moyen, ce dicton qui s'accrédite déjà dans nos campagnes :

Quand on invite un cultivateur à produire, il répond : Pourquoi? pour avoir les primes? on les donne aux barons et aux comtes !...

Je vois que cette observation, qui est trop réelle en la forme, peut jeter un jour défavorable sur les concours et paraître blessante pour d'honorables exposants; mais si je la produis, c'est qu'il importe de la combattre et que c'est mon intention.

Ainsi je dirai : non, vous n'avez pas cela à redouter, car pour faciliter aux cultivateurs les moyens d'exposer leurs productions ou leurs animaux, la Société d'Emulation de l'Ain d'abord a nommé une commission de membres pris dans son sein, pour aider ces producteurs à se caser, pour leur montrer le bon chemin et pour les exciter à se faire connaître.

Puis ensuite je sais moi-même de quelles bonnes intentions sont animés les commissaires du gouvernement qui veillent sur l'exposition et qui par leur présence la dirigent, la protégent, dans l'intérêt *avant tout* du cultivateur lui-même. Voyez si le grand prix de culture n'a pas été donné à *Berland*, un enfant de ses œuvres, au concours de Mâcon ! Arrivez donc à celui de Bourg, et amenez ce que vous aurez de bon à nous montrer. Et si parfois on donne le prix à une personne riche, c'est parce que vous ne venez pas le disputer; à mérite égal, ou on vous récompenserait tous deux, ou peut-être la balance finirait-elle par pencher du côté du cultivateur. Et croyez-le, nous n'en serions point jaloux.

Rassurez-vous donc encore de ce côté. Et puis il est certain que puisqu'on aime à voir les animaux nouveaux se produire et s'introduire dans notre pays, on sera dans le cas de récompenser des bourgeois, car il faut et de l'argent et des connaissances pour innover... Mais encore ici il y aura du profit pour le cultivateur, car on lui montre, sans qu'il lui en coûte rien pour des expériences préalables, ce qu'il peut désirer d'obtenir à son tour ; et en décernant un prix à une belle bête, c'est vous dire que vous pouvez aussi vous hasarder à en avoir de semblables, parce qu'il y a utilité. Maintenant, je signalerai un danger qui résulte des récompenses même que l'on décerne à l'agriculture ou à ses produits.

On primera, je suppose, un taureau d'*Ayr*, de *Durham* ou de *Hollande?* Ils le méritent par les distinctions physiques qu'ils possèdent, mais on va croire qu'il faut se hâter d'en avoir de pareils pour remplacer les nôtres ; le cultivateur et la masse du public ne sauront pas bien se rendre compte des motifs des jurés. On les explique parfois dans les comptes-rendus, mais beaucoup trop sommairement, ou bien pas du tout ; et il en résulte le danger que je signale.

Par exemple, on primera les gallinacés *anglais* ou *cochinchinois,* et vite nos agriculteurs vont se dire : C'est donc ce qu'il nous faut avoir? Réformons les nôtres. Là est, selon moi, un des grands inconvénients des concours ; je dois y insister.

Ainsi cet *amour du nouveau* nous emporte à posséder les animaux mis à la mode, beaucoup plus souvent comme objets de curiosité qu'avec raison. Alors on réforme trop promptement ce qu'on a chez soi, ou l'on réforme mal. C'est ainsi encore qu'on porte le trouble partout et que les croisements les plus barbares et les plus pernicieux dénaturent nos races domestiques locales. Puis viennent les prix régionaux qui parfois *tombent,* j'emploie le mot à dessein, sur ces prétendus soutiens de l'agronomie ou des basses-cours.

2

Il importe donc bien de donner sur ce point une direction sage et surtout des *motifs* particuliers et étendus, pour expliquer les prix qu'on adjuge.

Je ne veux pas entrer plus avant dans ces critiques qui m'ont paru nécessaires dans un intérêt général. Je me réserve de mentionner plus spécialement à chaque article que je passerai en revue, les observations que je crois utiles dans ce sens.

Race chevaline.

Le département de l'Ain fait depuis longtemps des sacrifices pour améliorer la race chevaline. Y est-il parvenu ? On peut commencer par constater la répugnance du cultivateur à changer les formes de ses *bêtes d'habitude*. Ainsi c'est rarement que les juments du pays sont conduites aux étalons départementaux, malgré les avantages nombreux qu'on leur offre et malgré les prix modérés de la monte. Cependant peu à peu le progrès se glisse au sein de ces masses rebelles des campagnes... Déjà on voit apparaître aux primes données par le département, de fort jolies bêtes chevalines.

La race Dombiste s'améliore elle-même, et nos juments de l'intérieur des terres ont perdu peu à peu leur grosse tête, leur ventre lourd et leurs jambes massives...

La remonte pour l'Etat peut chez nous se fournir avec profit ; c'est là une circonstance qui fait ouvrir les yeux au cultivateur le plus routinier... Mais tout en constatant ce fait important, je dois dire combien on est arriéré dans la pratique des croisements, et à combien de mécomptes on doit s'attendre quand on s'y livre par *routine !* Ce n'est pas tout d'obtenir quelques poulains améliorés par un *pre-*

mier mélange, il faut encore savoir se faire *une race à soi* de plus en plus perfectionnée, et la chose est fort difficile. D'un premier coup on a obtenu une bête plus légère dans ses formes, mais elle pêche par ses proportions; elle a un cou trop court, une croupe sans grâce, ou des sabots fautifs... On *peut corriger tout cela*, c'est vrai, mais peu à peu, par des croisements successifs et combinés avec tout l'art du naturaliste instruit, ce qui n'est pas trop....

Ecoutez plutôt ce que disent les praticiens :

« Si une jument n'a pas de profondeur de poitrine, qu'elle soit basse du garot, qu'elle n'ait pas une bonne attache de reins, qu'elle ait une croupe basse et mal assortie, que les épaules soient trop droites et manquent d'inclinaison, *donnez-lui un étalon pur sang*, car généralement ils sont bien dans ces points divers, et donnent au premier croisement de meilleures lignes (1). »

« Toutefois, le premier croisement manquera d'ensemble, dit l'auteur que je cite, ce sera un cheval *bon pour la remonte*. »

Pour réussir mieux encore :

Quatre ans plus tard la pouliche issue de ce croisement sera donnée à un autre étalon pur sang ; il corrigera à son tour quelques défauts qui lui restent.

Cette fois le produit perfectionné pourra faire un cheval d'officier de cavalerie, *surtout s'il est bien nourri les deux premières années.*

« Mais qu'on remarque bien que tout dépend du sol sur lequel on fait l'élevage, et des progrès de l'agriculture dans la contrée où on est placé. »

____

(1) **M.** le baron de Veauce, président de la Société des Courses de Moulins. (*Annuaire de l'Allier.* 1858, p. 16.)

Il est beaucoup d'autres prescriptions à suivre, mon but n'a été que de donner une idée des soins à prendre et des difficultés des croisements; puis je me demande si jamais rien de semblable a été observé dans notre département... Sont-ce de simples cultivateurs qui peuvent s'y adonner? Et quel progrès doivent-ils faire?... Que de propriétaires ne savent pas bien ce qui manque à leurs chevaux ou ignorent les formes qu'ils doivent corriger!

Dans le but d'amincir nos juments de Bresse, le département a toujours fait choix, autant qu'il m'en souvient, d'étalons, normands ou percherons, au corps allongé. On a réussi.

Mais nos juments lourdes et trapues étaient parfaitement appropriées au sol de la Bresse; « *dans un terrain boueux, il faut un poids équivalent,* qui puisse non seulement établir l'équilibre avec le véhicule au moyen de la force motrice, mais encore un effort qui soit lent, gradué et sans secousses, pour sortir d'un mauvais pas, ou gravir une côte, puisqu'il faut dans ce dernier cas que le poids de l'animal puisse contrebalancer le poids de la charge. »

En effet, tout cela est important. Je me suis trouvé un jour dans un de ces mauvais pas de Bresse si communs avant la loi sur les chemins vicinaux, et rares aujourd'hui, sur une lourde charrette à deux roues; il a fallu à la jument du pays qui la traînait, des efforts qu'on ne pourrait jamais comprendre si je ne disais pas que les bras de la voiture lui passaient sur le dos au moment de ses élans suprêmes. Que de bêtes faibles y seraient restées! Il est vrai que maintenant, nous n'avons plus besoin de chevaux aussi forts et aussi lourds de formes: voilà pourquoi il est bien de poursuivre notre progrès, si c'en est un que d'améliorer *un peu* une race alors que l'on pourrait la perfectionner *beaucoup* avec les soins d'éleveurs *très-experts*, qui sont bien rares.

Aujourd'hui, qu'on demande aux chevaux des allures plus rapides et une profondeur de poitrine ainsi qu'une force musculaire plus grandes, afin de soutenir plus longtemps les efforts exigés, on a dû recourir aux croisements ; mais, on le voit, pour obtenir tout cela, que de talent observateur il faut, et quelles connaissances en histoire naturelle on doit pouvoir y joindre !

Le cheval *pur sang* anglais, dont l'existence remonte à peine à un siècle, est celui obtenu par le cheval arabe.

Viendra-t-il un temps où le département de l'Ain, à l'instar de plusieurs contrées de la France, aura ses courses de chevaux ? Je l'ignore, mais c'est un des meilleurs moyens pour améliorer une race par l'appât des primes, et nous pourrions sans doute y aspirer comme les autres, aujourd'hui que les chevaux élevés dans la Dombes entrent en ligne pour la remonte de la cavalerie.

On doit donc s'attendre que de ce point important de notre pays la race chevaline sera bien représentée à notre exposition. Ce que nous avons montré à Mâcon était peu ; à Bourg, nous saurons mieux faire.

A Mâcon, il y a eu vingt têtes chevalines de l'Ain ; à Bourg, il pourrait y en avoir un cent.

Mais que l'on s'applique à n'amener que des bêtes remarquables, et pour les juger à l'avance, qu'on s'adresse à des connaisseurs locaux. Il ne faut pas encombrer une exposition de tout ce qui paraît bon à notre amour-propre.

Nous aurons ainsi des extraits des étalons départementaux.... Je ne serais point fâché de voir quelques spécimens des grosses juments du pays, afin qu'on puisse juger mieux des progrès que nous avons faits. Je ne crains pas de le dire, ces animaux ont du prix encore, par leur force musculaire, et méritent d'être employés dans l'intérieur des terres. J'en ai vu de superbes et d'une franchise de collier admirable, souvent bien utiles encore en Bresse !

Le petit cheval *dombiste* commence à disparaître ; c'est regrettable, mais au point de vue du pays seul. Ces animaux, petits de taille, aux jambes fines, au pelage sombre, ont les allures très-vives ; ils sont sobres et rustiques. D'où proviennent-ils ? La tradition les fait naître d'un haras de chevaux arabes d'un duc de Savoie, établi à *Pollesinge* en Dombes ; ils *venaient du midi,* c'est l'expression conservée ; mais quand ils seraient originaires de la *Camargue,* qui est aussi au midi, le fait n'en serait pas moins important. Les chevaux de cette localité ont une grande renommée de vigueur, malgré leurs petites formes ; leur pelage ainsi que leurs caractères extérieurs se rapprochent beaucoup de ceux de Dombes qu'on attelle à des voitures à deux roues... surtout des côtés de *Lent, Dompierre, Chalamont.*

Je pense aussi, qu'il sera bien que le petit cheval dombiste, *authentique,* soit représenté à l'Exposition. Il est bon que l'on connaisse toutes les productions d'un pays.

Les mulets seront-ils au Concours régional ? Je ne le pense pas. Ils sont rares dans notre département et servent seulement à la culture dans les cantons du Bas-Bugey.

L'*âne* est un produit local, et Meillonnas réclame l'avantage de *le produire....* Cet animal fort précieux se multiplie beaucoup dans notre département... Un grand nombre de petits cultivateurs et de maraichers savent utiliser ses services modestes mais toujours sûrs...

Il y en a maintenant de très-beaux sur nos marchés. L'exposition doit accueillir les plus parfaits dans les diverses tailles et nuances de pelage J'y voudrais voir, par curiosité, une ânesse robuste encore et qui compte plus de trente hivers vivant près de Bourg ! Ce phénomène d'âge est rare.

—

Race Bovine.

En traitant ici de la race bovine, je sens que j'aurais beaucoup à dire, et s'il m'était donné de résumer ce qu'il importe de retenir, je crois qu'on trouverait quelqu'avantage à se pénétrer de ce qu'il faudrait le plus savoir.

De toutes parts, on met en évidence les races étrangères, qu'on préconise à outrance, et qui semblent dès-lors si indispensables, que l'on n'a plus bientôt qu'à s'occuper des moyens d'en encombrer ses écuries !

Mais heureusement qu'en Bresse, le cultivateur ne se laisse pas entraîner facilement, et que d'erreurs agronomiques il évite ainsi !

Que lui font tous ces noms de bétail des pays étrangers, il les prononce à peine, tant quelques-uns lui semblent barbares ! Que sont pour lui les *Durham*, les *Ayr*, les *Yorkshire?* etc... Il en veut qui soient bien appropriés à son climat; façonnés à son sol mouvant et raide; à ses chemins boueux et ingrats au parcours. Il a tâté du bétail Suisse très-beau, consommant beaucoup, mais délicat et moins robuste pour le labour que le sien propre.

Le Durham est trop perfectionné déjà pour l'éleveur Bressan, et s'il est un riche produit anglais pour la boucherie, ce n'est pas de longtemps qu'on le verra réussir en Bresse pour alimenter cette branche de l'économie domestique...

Commençons par améliorer ce que nous avons et voyons s'il n'est pas plus simple de perfectionner une race locale faite au pays, que de se lancer dans des croisements étrangers si difficiles à pratiquer bien par les masses, et dont les provenances demandent tant de soins et de temps pour ne pas dégé·nérer promptement (1).

La race bressanne réunit de grands avantages. On se plait à reconnaitre qu'elle a de la finesse, un lait abondant et de l'aptitude au travail et à la graisse. Puis on trouve qu'elle a la *tête lourde*, *un trop grand développement du fanon*, *un corps massif...* Ce sont les propres paroles de M. Baudement (2).

Je ne perds pas de vue que l'on cherche aujourd'hui à améliorer le bétail pour le destiner à la boucherie : c'est là que tendent les efforts anglais, et le *Durham* si riche en chair en est un exemple ; mais qu'on y songe. rien de tout cela n'est praticable en Bresse, au moins pendant longtemps : souvent le progrès en arrivant trop vite, nous recule beaucoup... Hâtons-nous lentement. Nous voulons en Bresse des bœufs de labour, c'est le premier point ; ensuite des vaches bonnes laitières, c'est le second ; le troisième nous donnera du bétail propice à l'engrais ; comme on le voit je place en troisième ligne le produit de la viande de boucherie ; en effet,

---

(1) M. Richard, du Cantal, dans un savant rapport fait à la Société d'Emulation. résume avec clarté toutes les difficultés des croisements ; le *Durham* lui parait peu propre à augmenter dans une race étrangère la quantité de lait. Il invoque l'autorité de M. Behague, célèbre comme éleveur, et qui a consciencieusement expérimenté les croisements par le **Durham**, qui ne lui ont nullement réussi. (Voir le rapport dans les *Annales de la colonisation algérienne de* 1858, p. 41.)

(2) Voir *Compte-rendu du Concours de Mâcon*, p. 6.

on ne songe à livrer à la boucherie que le bétail âgé, dont on n'attend plus de services.

Mais cependant, tels que nous sommes avec nos connaissances économiques peu étendues, plusieurs producteurs livrent à la boucherie des sujets de premier choix ; il me suffira de citer les étables de Marboz, de Bény, et de rappeler le nom de l'éleveur Morand.

Nos boucheries sont pourvues de bœufs reconnus pour leur bonne qualité et supérieure pour notre *goût local* à ceux du charolais, dont la graisse jaune nous paraît peu flatteuse.

Ainsi, notre race *fémeline*, ou lymphatique est déjà un type renommé ; améliorons-là par des sujets de bon choix, nés dans le pays et sachons surtout conserver ce que nous obtiendrons de beau, par une *nourriture saine et abondante...*

Mais il ne faut jamais oublier que le grand défaut à éviter, c'est que les veaux sont maigres, les femmes ne leur laissant jamais assez de lait et qu'elles négligent de le remplacer par des farines d'avoine et de graine de lin.

La ferme de la Saulsaie utile pour faire des essais en tous genres, me paraît offrir quelques dangers le jour où elle aspirera à nous persuader trop tôt de l'imiter. Les bons esprits s'accordent pourtant à reconnaître qu'il est bien de conserver *pures* les races du pays, et qu'on doit tendre à les améliorer par elles-mêmes. La chose est difficile, mais elle est aussi, selon moi, la seule à pratiquer ; c'est aux gens instruits de la contrée à prêcher d'exemple, ils doivent s'abstenir par raison, des croisements étrangers, avares de beaux résultats, et c'est à eux surtout que je recommande ce lumineux rapport de M. Richard (du Cantal).

La Société d'Emulation de l'Ain est entrée depuis longtemps dans cette voie ; il y a plus de trente ans,

3

que le département a , sur ses instances , fait distribuer des taureaux , *suisses, charolais* et *auvergnats;* les résultats n'ont pas été satisfaisants, mais on reconnaît que la race du pays n'a pas été trop altérée par ces croisements. Le taureau charolais, qui a du rapport avec la race bressanne et qui s'en rapproche par son voisinage , s'alliait mieux **avec** le goût du pays ; il a laissé peu de traces.

Depuis quelques années, la Société d'Emulation de l'Ain décerne des primes aux plus beaux taureaux bressans et aux autres du département ; elle les recommande ainsi à l'attention des éleveurs. Elle fait plus, elle acquiert dans le pays même des taureaux de choix et les cède ou conditions à des éleveurs bien placés pour la propagation de l'espèce.

En effet, c'est la bonne voie à suivre et, malgré tout ce qui s'imprime et se dit sur les mélanges de races étrangères, on a vu que ce qu'il y a de mieux pour nous c'est de garder pure notre race Bressanne et de l'améliorer par elle-même.

On a donné à la race Bressanne et Franc-Comtoise le surnom de *fémeline;* ce mot malsonnant semble désigner une race faible, sans type originel et dégénéré. Il est bon cependant de s'entendre: selon M. E. Lecouteux (1), la race fémeline est une de ces anciennes races françaises qui disparaissent, mais qui d'après la démonstration des concours de Mâcon, mérite de fixer l'attention des éleveurs du Doubs et de la Haute-Saône; concentrée dans le canton de Jussey, elle est bonne laitière et a de grandes affinités avec l'excellente race d'Ayr, la première race laitière de l'Angleterre. Il trouve à la petite race Bressanne autant

(1). Propriétaire-agriculteur à la Motte-Beuvron (Loiret). Voir *Annales de la Société de l'Allier,* 1858, p. 107.

d'affinité pour ce même type d'Ayr. M. Lecouteux pense d'après les sujets croisés Bressans et Ayr exposés à Mâcon par la Saulsaie que nous devons user de ce type pour améliorer notre vache de Bresse, je ne suis pas compétent pour donner une opinion sur ce point, mais je persiste avec un grand nombre d'agronomes de ces régions à conseiller l'amélioration de notre race Bressanne par elle-même.

Je saisis cette occasion pour repousser la qualification de *petite* donnée à la vache Bressanne. Je croyais ce mot réservé à la Bretonne ; la Bressanne en ferait deux facilement.

Il faut donc se rassurer ; ce n'est point une critique qu'on entend faire en la désignant ainsi. Il est bien vrai qu'on la regarde comme *lymphatique,* mais cette autre qualification annonce une espèce facile à s'engraisser, ce qui démontre une fois de plus que notre race Bressanne a plus d'un mérite. Elle a le corps *lourd,* dit-on, mais je ne le crois ainsi que dans les taureaux, or pour le labour cela ne nuit pas ; si le *fanon* est trop pendant et volumineux au point de vue de la force et de la beauté de l'animal, je l'avais toujours entendu prôner par les naturalistes comme étant un ornement distinctif d'un taureau pur sang ; ce n'est pas à mon inexpérience à prononcer entre les économistes dont j'estime fort les lumières, et ce que les naturalistes ont le droit de penser.

La vache bressanne est fine, bonne laitière et très-vive. Il est certain que je reconnais que le plus grand nombre manque de ces qualités ; mais la faute en est à notre inexpérience, à notre apathie naturelle et à notre pauvreté ; j'ajoute à notre ignorance.

Mais au lieu de confondre nos idées simples et quelque peu bornées par les grands noms modernes

d'animaux renommés qui retentissent dans les journaux que nous ne lisons pas et dans les brillants
concours que nous apprécions assez mal, qu'on
vienne nous inviter à faire que notre propre bétail
soit mieux fait en restant aussi fort, et qu'il
devienne plus laitier, nous allons comprendre et
nous laisser faire bien vite.

Dans peu, on doit l'admettre, la race bressanne
s'améliorera par elle-même. Le mot savant de *sélection* sera *traduit* et mis à la portée de nos bons
cultivateurs ; ils useront de tout ce que le système
Guénon a de bon et de vrai ; cet observateur nous
est fort utile déjà, et chaque jour fait ressortir les
avantages de sa méthode qui, dépouillée de cer-
tains développements, mérite notre reconnaissance.
M. Victor Borie, dans son *Calendrier agricole*, aime
à préconiser hautement cet observateur heureux ;
si de son vivant il a eu des contradicteurs jaloux,
accordons-nous au moins sur sa tombe pour lui
rendre justice.

Nous pourrons donc tenir à posséder du beau
bétail quand nous verrons qu'on nous récompense
par des primes ou par des éloges mérités. La race
ainsi améliorée sera encore plus propice au laitage
et à l'engrais ; chacun y gagnera, et surtout il sera
facile de l'empêcher de dégénérer.

Et nous nous dirons avec la certitude de l'expérience qu'une race faite au climat, au sol et à ce
qu'il produit, conserve facilement les avantages
que l'art lui a donnés ; ce qui s'obtient bien moins
et pas du tout, selon quelques hommes spéciaux,
avec les croisements de races étrangères.

En effet, qui peut être assez habile pour diriger
bien un croisement ? qui sera assez fortuné pour en
conserver les produits intacts, sans dégénérescence ? et s'il arrivait que toute la Bresse eût
abandonné ses types natifs et sûrs pour adopter les

races étrangères, où irions-nous reprendre nos anciens sujets, à jamais introuvables, à jamais regrettables ?

Mon but, on le sent par tout ce qui précède, a été de prémunir nos Bressans contre ce qu'ils vont voir à l'exposition. Que chacun y admire le superbe bétail étranger qu'on exhibera, mais qu'il se dise : où est le nôtre ? ah ! voici un beau taureau bressan, on le prime, voyons ses qualités, que je les retienne pour y arriver chez moi et les vanter à mon voisin.

Quant à ces jolis animaux anglais, hollandais et autres, nous verrons plus tard ce qu'ils sont, quand nos messieurs qui les essayent montreront ce qu'ils valent (1).

Je profite ici pour annoncer aux cultivateurs que des expériences récentes et certaines ont démontré que la vache bien engraissée et pas trop âgée fournit un aliment égal en qualité à la viande de bœuf. Ensuite, une vache pleine engraisse mieux, et on conseille de la vendre au boucher dans cet état.

Si je faisais un traité d'améliorations de l'espèce bovine, j'aurais à dire trop de choses, ici je me borne à quelques rapides données qui serviront toujours, je l'espère ; mais qu'on n'oublie pas que c'est la bonne et copieuse nourriture qui améliore l'espèce et qui seule peut en conserver les effets.

Le cultivateur bressan soigne bien son bétail, mais par économie trop souvent forcée, il le nourrit mal ; quand les prairies artificielles nous enva-

(1) On conseille d'acquérir à la foire de *Beaucroissant* (Lyonnais), qui se tient en septembre, de petites vaches du prix de 100 à 150 francs, moins délicates que les bretonnes, et rendant en laitage l'équivalent de la vache d'*Ayr*. C'est à essayer. Ce serait bientôt la compagne nourricière des petits ménages !

hiront; quand la betterave prendra mieux racine dans notre sol compacte; quand enfin nous aurons plus d'engrais et d'écus disponibles, alors seulement nous songerons à améliorer la race; jusques-là nous semblons vivre au jour le jour pour payer nos fermes et substanter notre intérieur.

Il est bien temps cependant de régénérer la race bressanne; c'est dans les étables qu'on peut juger des vices dont elle est atteinte; malgré le choix des bons taureaux, beaucoup d'élèves sont non seulement très-mal conformés, mais encore tardifs, rabougris ou profitant mal de la nourriture; les soins qu'on leur donne sont perdus; il faut du temps et des aliments pour faire des adultes présentables. Aussi, dès qu'ils ont atteint un certain maximum, bien que jeunes encore, on les mène aux foires, car c'est là, disent les cultivateurs, que nous conduisons tout ce qu'il y a de plus mauvais. Avis donc à ceux qui vont s'y pourvoir!

Ainsi, le défaut de soins raisonnés, de nourriture abondante et saine, d'aération constante et de propreté des étables, de même que le sault commencé par des animaux trop jeunes, ont produit un affaiblissement considérable dans l'espèce.

Le jury de Mâcon se félicitait de rencontrer enfin un concours où les animaux de la race bovine figuraient en grand nombre; nous espérons que si notre bonne Bresse se met en ligne, elle attirera plus fortement encore l'attention des hommes éclairés et bienveillants qui seront appelés à la juger.

Que doit-on exposer ?

Qu'on se rappelle bien que ce n'est pas l'excès

d'embonpoint que l'on récompense; il est facile de bourrer de nourriture un animal, il est plus difficile de lui donner les formes qu'il n'a pas.

Chacun pour se guider consultera ses maîtres, puis les vétérinaires du voisinage, qui ont le sentiment et l'expérience de ce qui relève un animal, et l'on se gardera bien surtout de venir encombrer l'exposition d'une foule de bêtes qui n'ont de bon ou de bien que l'amour de ceux qui les possèdent, amour souvent aveugle et sans profit.

Je place ici quelques faits bons à connaître. La race *suisse* est abandonnée en Bresse, je l'ai dit, elle est molle au labour; au château de Cornaton, où elle s'implantait, ses maîtres étant Genevois, on la délaisse chaque jour par ce motif et d'autres encore que ce qui suit démontre :

Un cultivateur du voisinage fut chargé par un boucher de Lyon de lui acheter deux beaux bœufs gras. Il en paya 1,500 francs une paire et les conduisit triomphants à Lyon, comptant sur une très-bonne réception; au lieu de cela, on lui fit perdre cent écus sur le marché. — Vous m'aviez demandé deux beaux bœufs, les voilà ! — Oui, mais *du pays !... les suisses ne valent pas;* leur viande est *longue* et moins fine de beaucoup.

D'autre part, il résulte que souvent un fort et grand taureau suisse donné à la vache bressanne produit des sujets petits et faibles. Mon fermier, voisin de *Cornaton,* l'a plusieurs fois vérifié.

Cela s'explique; dans un croisement, un père trop gros s'allie mal avec une vache moyenne. L'expérience a démontré aux praticiens qu'il faut savoir combiner cette opération. Un père de taille mixte avec une femelle ayant un gros coffre réussit mieux.

La couleur noire a peu de fortune dans nos foires de Bresse; les *Revermontains* veulent absolument du poil *froment;* le *barde*, selon l'expression villageoise, se demande encore, mais c'est quand on ne trouve pas mieux ; la robe de cette catégorie est, comme on sait, *bardée* de rouge clair, sur un fond blanc ou froment.

Donc, jamais en Bresse ne réussiront les hollandais, si beaux et bons cependant, ni la précieuse petite bretonne, amie du journalier pauvre. Contre chacune de ces variétés, il faut reconnaître que mal nourrie, ce qui arrive presque toujours, elle dégénérerait promptement et serait bientôt délaissée ; je ne les vois appelées qu'à satisfaire chez nous le zèle agronomique de quelques amateurs aisés.

Ne nous faisons donc pas trop d'illusions, je le redis encore, sur toutes ces nouveautés qu'on nous met sous les yeux. Observons longtemps avant de changer notre race bressanne et gardons-nous d'aller trop légèrement lui donner du sang étranger dont nous saurions mal conserver et diriger les effets.

Le Bugey produira-t-il ses beaux types de montagne ? Il trouvera peut-être qu'il y a loin de ses sommets à la gare de Bourg ! Et pourquoi n'encouragerait-on pas une exhibition de sa part ? Il a un bétail spécial, robuste et laitier. Nous lui devons nos façons Gruyère, pâle imitation, et les fromages de Gex, excellents et qu'on n'imite pas ! L'espèce bovine y est trapue, mais elle a su se garantir des croisements Schwitz, qui sont à ses portes ; c'est un bien et une heureuse préservation.

Race caprine.

La chèvre de Bresse se montrera-t-elle au concours ? je le voudrais, car cet animal, *la dent* à

part, est très-utile en général et dans un ménage.
Au riche, elle fournit des fromages estimés; au
pauvre, elle apporte quelques sous lentement
amassés, ou un aliment sapide, très-ami de l'es-
tomac, quand il s'allie au pain grossier des campagnes; c'est un bienfait réel pour le cultivateur,
trop souvent privé d'une bonne nourriture. J'ajoute
comme étant le meilleur argument à mes yeux,
que la chèvre qui prend trop d'âge ou qui perd son
lait, mise au sel et gardée pour l'hiver, sert de
nourriture peu coûteuse au chambrier.

Depuis qu'il est reconnu que la stabulation n'est
pas ennemie de la santé, la chèvre nourrie à
l'écurie peut être admise partout. Conservons-la
donc, elle est très-familière, intelligente, et
presque du logis.

La chèvre ancienne de Bresse disparaît chaque
jour; son poil est grossier, long, et de couleur pie
blanc et noir plus ou moins dominants, ou bien
grisâtre.

On lui substitue chaque jour des chèvres façon
chamois, plus ou moins fauves, très-sveltes et
gracieuses; l'œil est flatté de leur pelage et de leur
tournure. Il y en a qui sont sans cornes, de cette
même variété; on les préfère, avec raison. Il
semble que ce soit un perfectionnement de l'espèce
à force de civilisation.

Ce qui le démontrerait également, c'est la vache
sans cornes, obtenue récemment et qui réunit
toutes les qualités possibles, *dit-on.*

L'élève de la chèvre doit donc être encouragé,
je crois l'avoir démontré.

Puis elle forme chez un grand nombre de cultivateurs aisés de la Bresse la base d'un commerce de
fromages fins, façon Mont-d'Or, ou mélangés avec
du lait de vache, façonnés et en tomme épaisse;
ce genre de produit réunit des qualités réelles. Je

4

puis citer en Bresse la servante de M. Chanel , curé
de Vandeins. J'observe ici , dans l'intérêt de la
confection de ces fromages distingués . que l'été ils
doivent être mangés frais ou à demi passés; les
chaleurs les font fermenter trop vite , mais l'hiver
ils peuvent être gardés longtemps sans danger.
Nous verrons sans doute à l'exposition plusieurs
spécimens de cette industrie dont il m'a été donné
plusieurs fois de reconnaître le mérite. Je rappe-
lerai ce que j'ai dit ailleurs , il y a longtemps , les
fromages de chèvre, raffinés de Bresse, n'auront un
mérite complet que lorsqu'ils seront façonnés dans
des moules aussi larges en haut qu'en bas : et quand
on voudra être dans le progrès, on nous apportera
ceux qui sont à l'état frais, mais égoûtés à demi ,
enveloppés comme ceux de Neufchâtel , dans du
papier fin, non collé; ce sera beau et bon.

Race Ovine.

Je ne sais si on trouve quelque mérite aux moutons qui alimentent nos boucheries? leur laine me
semble ordinaire; leur chair est-elle du *présalé*?

J'ignore si nous avons ailleurs qu'à la ferme de
Naz, des troupeaux élevés en vue de la production
de la laine. Ces derniers sans doute voudront se
montrer à notre exposition; leur mérite européen
est apprécié d'avance.

Race Porcine.

L'élevage du porc en Bresse, se fait presque partout. Il n'est pas de chambrier, si pauvre , qui ne
trouve moyen de nourrir, à côté de sa misère , un

porc qu'il pousse plus ou moins de temps à la graisse
et qu'il vend aux approches de la St-Martin.

L'empressement à se procurer des élèves, main-
tient sur nos marchés leurs prix très-haut. Mais il
n'est pas de bourse qui ne se décide à payer jusqu'à
20 francs la paire de jeunes porcs de 3 mois à 4
mois.

L'engraissement du porc réussit bien chez nous.
J'ignore s'il est dû à la couleur du pelage, qui doit
être rigoureusement blanc, rose et noir : cette dernière couleur régnant seule, personne n'en veut.
Je me suis informé auprès de plusieurs cultivateurs
pour avoir l'explication de ce dédain particulier,
aucun n'a pu me la donner.

On a pendant longtemps engraissé du porc anglo-
chinois, il a peu profité aux engraisseurs en grand ;
dans les ménages bourgeois, il a été mieux accueilli.
Mais aujourd'hui qu'on nous inonde de porcs anglais de toutes formes, auxquels nous arrêterons-
nous? Le joli porc anglais sans poils et d'un gris
de souris, est bien tentant par ses formes et par
cette absence de soies toujours difficiles à enlever
bien à l'abattage. L'expérience nous apprendra ce
qu'il faut attendre pour *notre Bresse*, de cette introduction, ainsi que des *News-Leicester...*, des *Midle-
sex...*, etc.

Les *Essex* de courte dimension s'engraissent
facilement et profitent de tout.

Les *New-Leicester* acquièrent des dimensions
énormes et conviennent aux éleveurs riches.

La race *charolaise* à la robe pie est très-estimée
pour la délicatesse de sa chair ; elle a une grande
ressemblance avec la *bressanne*.

La *race noire* du Dauphiné est réputée dans son
pays ; en Bresse on la redoute, mais ces aversions
de couleur ne sont qu'un préjugé.

Mais avant de nous lancer trop vite dans ces croisements qui demandent tant de soins pour réussir, montrons avec confiance notre race bressanne... Améliorons-la encore par elle-même. Elle s'enlève rapidement dans les foires, et le grand commerce s'en empare avec avantage. Le débit qu'elle obtient à l'intérieur doit nous prouver qu'il faut savoir s'y tenir. La France, du reste, est en possession dans chacune de ses régions de races propres qui ont leur mérite. On cite celles du *Périgord* et du *Quercy*, à la tête massive et allongée, à la robe pie, comme la race bressanne.

Le climat et les ressources du pays, que l'on doit considérer pour l'introduction des bœufs ou des moutons étrangers importent beaucoup moins pour les porcs, dont la nourriture est presque partout la même et qui sont toujours renfermés. Choisissons, je le veux bien, une race qui s'engraisse facilement, mais n'en ayons qu'une et gardons nous bien de faire des mélanges. Le cultivateur saura bientôt l'espèce qui lui profite le plus et que le charcutier préfère; une fois ce choix fait, tenons nous à la race qui produit le plus de viande pour une quantité donnée d'aliments. « Les grandes races françaises à larges oreilles, si prisées aujourd'hui, ne sauraient soutenir la concurrence *avec les espèces précoces d'Angleterre à stature délicate et à jambes courtes* (1). »

En terminant sur ce point je rappelle à nos cultivateur, qui tiennent tous leurs loges à pourceaux si salement, que les porcs tenus très-proprement engraissent plus vite, et aux consommateurs que la viande de ces derniers est bien supérieure et pour le goût et pour la santé. L'usage des tourteaux, pour engraisser les porcs est souvent perni-

____

(1) Voir le compte-rendu du concours régional de Blois, par M. F. de Guiala. *Annales de la Soc. de l'Allier*, 1858, page 80.

cieux, et ceux de noix *engendrent la ladrerie* Les glands, surtout germés, sont très-bons pour l'engraissement rapide et pour la saveur de la chair. Quand donc mettra-t-on tout cela à profit !...

Qu'on n'oublie pas que le porc est très-propre de sa nature; il se recule toujours pour fienter et choisit la même place.

—

Animaux de basse-cour.

Cette catégorie, reléguée à la suite du programme, pourrait sembler, par cela seul, indiquer le peu de cas qu'on en fait. Mais en Bresse elle a une si grande importance, qu'on doit la regarder comme une partie essentielle de la ferme et de la production du pays.

C'est avec ce produit bien dirigé qu'une bonne ménagère fournit un fort contingent pour payer les fermages.

La réputation des volailles de Bresse est trop connue pour que j'en parle. Toutefois, je ferai remarquer que les volailles du *Mans*, leurs rivales, baissent pavillon devant elles. Au Mans on engraisse bien, c'est certain; mais c'est dans des bouges hermétiquement fermés, jamais nettoyés et *à dessein, proh pudor!* qu'on fait languir les chapons et poulardes pendant leur engraissement; puis on les livre au consommateur sans ces formes gracieuses, allongées, pincées, qui distinguent les nôtres, et de plus elles ont contracté un arrière-goût de poulailler qui se découvre très-bien à la dégustation. Quand donc le progrès et la lumière se feront-ils au Mans, *il faut dire à La Flèche!*

Nos volailles, on le sait, s'engraissent aussi bien qu'à La Flèche, mais on les tient très-proprement;

l'air nouveau ne leur est pas refusé avant de les apporter sur le marché. On les emmaillotte encore chaudes pour leur conserver une tournure agréable à l'œil. Ainsi, la Bresse, quoiqu'éloignée de Paris, centre rayonnant des lumières et du bon goût, a su prendre le pas sur le Mans qui en est plus rapproché et qui lui livre journellement ses *La Flèche*, ses *Crevecœur* et ses *Houdan*, justement renommés.

Veut-on une preuve évidente que nous l'emportons sur ces volailles ? la voici : Tous les hivers, des commandes nombreuses nous sont faites pour Paris et ceux qui ont comparé nos volailles avec celles du Mans les préfèrent toujours. Les *autres*, disent-ils, n'ont ni forme, ni grâce. De plus, les personnes du département qui habitent Paris et qui ont sous la main des volailles du Mans, à meilleur marché, prient qu'on leur envoie plutôt des nôtres, malgré le prix et le port à payer en sus (1).

Au Mans, dira-t-on, on pourra donner la forme et alors !... Mais non, on ne la *donne* pas, il y a des natures de poules qui en sont dépourvues à toujours, on ne la leur communique pas. Il en est de cela comme de beaucoup d'autres choses. En Bresse déjà, par suite de l'incurie domestique et des forts mélanges introduits partout, la poule bressanne perd ses formes et nos fermières les plus habiles ne peuvent la leur donner. Je le tiens de plusieurs d'entr'elles ; — il faudra que je change ma volaille, disait l'une, quand c'est plumé on ne peut rien en faire !... ça ne ressemble à rien. Une autre se plaignait amèrement de n'obtenir que de la graisse jaune et une chair trop ferme. Ceci, il faut le dire en passant, est le résultat de l'altération de l'espèce. *Hic opus et labor.*

(1) On voit par les prospectus des marchands de comestibles que les poulardes du Mans sont cotées au-dessous des prix de Bourg même.

Me voici naturellement amené à traiter de toutes ces variétés nouvelles, plus ou moins méritantes, qui envahissent les basses-cours. Notre ardeur pour la mode nous a précipités dans l'ornière, en sortirons-nous? C'est plus que temps. Je visite depuis plus d'un an nos marchés de Bourg, et là je me suis convaincu des dégénérescences fâcheuses qui ont affecté la poule de Bresse. Ainsi:

1° La forme, au lieu de rester allongée, s'est arrondie; ce résultat est dû aux croisements par le coq ou la poule de Cochinchine (1).

2° On voit beaucoup de poulardes et de chapons à graisse jaune.

3° Enfin la couleur des œufs délaissant le blanc pur, est plus ou moins teintée de nanquin ou de roux.

Il n'est pas rare de trouver ces nuances diverses dans les nombreux paniers d'œufs qu'on apporte au marché. Toutefois les vertus alimentaires des œufs n'ont pas changé. Ainsi le mal est grand à l'*extérieur* déjà, mais *au fond* c'est plus encore; la finesse de la chair a disparu et l'embonpoint, surchargé de graisse, a diminué et cette graisse est moins bien répartie.

Nous possédons plusieurs variétés de poules de Bresse même, une *grande* ou moyenne, et une *petite*. La première est très-hâtive et rustique, s'engraissant très-bien, ayant conservé ses types gaulois, c'est-à-dire qu'elle est criarde, peu facile au *toucher*, cachant ses œufs et recherchant la liberté presque absolue. Le parquage ne lui convient pas; elle y languit et s'adonne au funeste *picage* (2). La seconde

(1) Tous les produits étrangers, quoique dûs à plusieurs races distinctes, portent le nom de *russe* dans nos campagnes.

(2) Voir, pour l'explication de ce défaut capital, M. Ch. Jacques, p. 274.

variété a les mêmes qualités, mais elle est très-
précoce. On a vu des pillettes faire des œufs à quatre
mois. Mais admettons qu'elles n'en fassent qu'à six,
c'est assez beau, et du reste à trois mois ces variétés donnent des poulets forts et que l'on consomme partout. Il se vendent en avril et mai au
prix de 1 fr. 25 c. la pièce, non engraissés. Dans
les fermes, en général, la première espèce est très-
mélangée et mal combinée pour la conservation de
la race pure; aussi pardonnai-je à M. Ch. Jacques
de dire que dans nos basses-cours ce n'est plus
qu'un mélange de toutes les couleurs, depuis la
rousse, la noire, la tannée, la grise, la jaune, etc.
Mais ce que je ne puis lui passer sans réclamation
c'est de lui voir énoncer que l'*espèce bressanne est
perdue* (1)! Je la crois toujours sur pied mais fort
atteinte dans ses qualités, et si elle a perdu de sa
finesse, elle a conservé sa rusticité et tous ses
caractères primitifs. C'est toujours le coq et la
poule gaulois, aux allures vives, aux chants sono-
res et retentissants, à l'amour des champs vastes et
libres! Elle sera lymphatique même, si l'on veut,
comme le dit en mauvaise part l'honorable dame
A. Passy, éleveuse experte, demeurant à Gisors
(Véxin) (2). Mais cette prédisposition à la lymphe
est une qualité et ne se rencontre, si j'en crois les
auteurs modernes, que dans une espèce améliorée
dans sa finesse et son produit. Qu'on ne s'y trompe
pas, si c'est une sorte de dégénérescence aux yeux
de la nature qui ne fait que des types solides et
rudes, au point de vue de la perfectibilité domestique, les lymphatiques sont une acquisition, et c'est
pourquoi les poulardes de Bresse s'engraissent si
bien!

(1) *Le poulailler*, p. 109.

(2) Voir Bulletin de la Société d'Acclimatation, 1858,
p. 120.

Veut-on encore d'autres preuves que notre race bressanne n'est pas perdue? voyons dans les communes de *Marboz* et de *Bény;* là règne toujours avec éclat la race bressanne améliorée et de grandes formes, obtenue, à ce qu'il parait, par leurs habitants. Le plumage en est très-varié : jaune, blanc, gris. Les hameaux des *Raviers*, les *Baudières*, les *Maniliers* et lieux voisins possèdent surtout une variété de cette race qui prend des dimensions plus fortes et dont le plumage est *blanc d'ordinaire.* Les chapons y sont gros.

Puis à *Fradaigue*, commune de Bény, on possède une autre variété de poules très-bonnes pondeuses et couveuses, demandant le nid en toute saison et plusieurs fois l'an. En parcourant le tableau des qualités de toutes les races connues, je n'en vois aucune qui l'emporte sur cette *Fradaigue* peu répandue, mais appelée à le devenir, grâce au concours agricole de l'Ain et peut-être à ces lignes tardives, mais dévouées! Cette variété est un peu plus petite que la race ordinaire, cependant les chapons gras pèsent plus de trois kilogrammes; il n'est *pas rare* de voir de jeunes pillettes de cette espèce faire des œufs à quatre mois! Je l'ai dit.

Ainsi, voilà de précieux éléments de régénération de l'espèce bressanne *par elle-même*, ce que je conseille à tous nos gens du pays comme étant d'urgence et de bonne pratique. Et qu'on remarque que la poule *Fradaigue*, le nom lui restera, j'espère, quoiqu'on le prononce peu, possède des éléments de civilisation qui n'échapperont pas aux naturalistes et aux éleveurs instruits. Ainsi, le plumage est *blanc d'ordinaire*, ce qui est un indice d'amélioration dans le sens de la finesse de la chair et dans celui de la domestication. Ces animaux sont plus *lymphatiques* encore que la race de Bresse ancienne, même améliorée; ils s'engraissent plus vite et même dans les jeunes sujets livrés au commerce,

5

les pourvoyeurs recherchent le blanc dans le plumage, parce que ces poulets plus socialisés, moins sauvages, se nourrissent bien en route, conservent leurs chairs, malgré les fatigues et certaines privations; tandis qu'avec la race à l'état plus rustique, on perd en partie cet avantage.

Voici pour donner une idée de la précocité de cette variété.

Un propriétaire m'a fait don, le 20 avril dernier, d'un coq et de deux pillettes âgées de six semaines.

La mère les avait quittés depuis plusieurs jours, elle a fait des œufs et demande de nouveau à couver !

Ces précieux volatiles figureront à l'exposition dans mes lots.

La poule de *Fradaigue* est svelte, allongée. Elle porte la queue droite; sa crête simple est très-allongée, et ses barbillons arrondis bien développés. Elle est peu farouche; la couleur dominante de son plumage est le blanc moucheté de gris et de noir. La gorge est de couleur plus claire et souvent le camail est blanc. Le coq est fait de même, il chante à cinq semaines et sa crête est déjà grande, simple et bien dentée. La patte est plombée, fine; toutes les qualités désirables se trouvent réunies dans ce précieux animal. Au lieu d'un riche plumage qui attire, la nature, toujours sage, lui a départi les avantages qui captivent. On va souvent chercher loin ce qu'on a sous la main !

Les communes de *Marboz* et de *Bény* sont depuis long-temps en possession de fournir à nos marchés les plus belles volailles de la Bresse. La grosseur me touche peu, toutefois, je m'attache à la finesse; il y a plus de petites bourses que de grandes, et après tout, on ne me contestera pas sans doute que plus une variété de bassecour est forte et haute, moins elle est délicate. Je l'ai expérimenté moi-même et souvent entendu dire. Un très-gros chapon n'est réellement tendre et agréable à la broche que dans les parties blanches; le tronc et les cuisses sont trop fermes; on préfère ces sortes de volailles en gelée ou en galantine. Toutefois ne médisons pas de cette belle et grande espèce de *Bény;* elle réunit tout et fournit les chapons de 30 francs!

Cependant on peut acheter à Bourg des chapons de quatre à cinq kilogrammes et dont le prix sur place s'élève à 25 et 30 francs. Les prix courants sont, pour les volailles, de 3 à 4 francs, et pour les chapons, de 5 à 6 francs. C'est le plus grand nombre; au-dessus il y a encore un fort beau choix.

Dans les environs de Saint-Trivier-de-Courtes on possède une variété de poules bressannes qui a des caractères particuliers, la forme allongée leur manque; elles sont trop arrondies; elles s'engraissent bien cependant; mais les chapons sont quelquefois à chair trop ferme. Ils tiennent de la nature du coq et sont plus supportables bouillis qu'à la broche. C'est à regretter, car il est dans le nombre, des chapons qui sont, sous un volume moyen, bien pris dans leur ensemble; leurs os sont très-minces et leurs proportions bien réparties. Ils ont la patte très-fine... Malgré ces qualités, leur chair étant trop ferme, c'est une variété à améliorer, et je conseillerai de le faire par le coq de *Crèvecœur* ou de *Houdan*, les deux meilleures variétés françaises.

M. Thiébaut de Bernéaud cite les poulardes de La Flèche comme étant les plus fines et les plus renommées; il oublie celles de Bresse et n'en dit mot (1).

Quandòque bonus dormitat Homerus.

Ce que j'ai dit de la tendance à l'albinisme est

(1) *Diction. pittor. d'hist. naturelle.*

une sorte de dégénérescence causée par un certain temps de *promiscuité*, et diverses conditions de *consanguinité* qu'on n'évite pas assez. Je regrette que le genre de cet écrit m'interdise de transcrire ici mon long chapitre sur les croisements. Peut-être le placerai-je à la fin de ce travail comme complément utile. Cet albinisme mérite attention, et je renvoie ceux qui voudront en approfondir la valeur, à un article du docteur Ch. Aubé (1).

Une fermière, bonne éleveuse, me fit l'aveu que son voisin trouvait comme elle que ses poules étaient dégénérées et ne s'engraissaient plus aussi finement; qu'elles n'avaient plus de tournure, et qu'il fallait absolument tout tuer et en chercher d'autres. Cette manifestation tardive d'un état de choses que j'ai hâte de signaler est le cri que devraient pousser toutes les éleveuses de la Bresse. Le comprendront-elles? Je leur indiquerai dans un instant le seul remède à suivre, il le faut héroïque!

Un amateur qui veut régénérer sa basse-cour croit avoir tout fait quand il a acquis un beau coq; il lui semble qu'il suffit de le prendre ailleurs que chez lui pour réussir. Comme si chaque animal *n'était pas de sa localité!* et surtout comme si l'air natal et ses influences sur l'organisme n'étaient pas la condition essentielle de vie et de santé! De là tant de dégénérescences que les éleveurs peu réfléchis essuyent toujours.

On a vingt fois essayé de naturaliser les poules de Bresse dans les montagnes de l'Ain. Elles y prospèrent très-bien; mais elles ne s'engraissent plus comme en Bresse, et leur chair ferme qui reste savoureuse et très-nutritive, n'a plus de finesse. Pourquoi? parce que l'animal a perdu ses influences

(1) Voir *Bulletins de la Société d'acclimatation* et dans l'ouvrage de M. Ch. Jacques, p. 256.

locales et qu'il cesse d'être *lymphatique* et propre à l'engrais *rapide*.

Le Mans étant très-propice à l'engraissement, je ne doute point que les volailles tirées de ce pays ne réussissent également en Bresse. Par réciprocité, les nôtres y prospèreront. Mais au Mans on sait conserver intactes les diverses espèces, de *La Flèche,* de *Houdan* et de *Crèvecœur* qui sont les principales ; dès lors elles n'ont plus besoin d'amélioration. Quant à nous, c'est là qu'il faut nous adresser. Le *Crève-cœur* est une perfection ; mais il est délicat à élever, le *Houdan, son frère de lait,* a presque toutes ses qualités et se défend mieux dans les localités *analogues à la sienne,* qu'on ne le perde pas de vue. Je le conseille en Bresse pour le croisement, et au besoin pour remplacer seul toutes ces ignobles poules du pays qui ne sont plus d'aucune espèce.

Au marché, la *Houdan,* bien reconnaissable à sa belle huppe, et le coq à sa crête *en cornes,* seraient bien vite choisis par nos ménages. On ne demanderait plus que cette espèce, et notre usage de ne pas plumer la tête serait très-bon pour la faire reconnaître. On laisserait la crête même aux chapons, car, je le dis en passant, la couper est une mutilation aussi cruelle qu'inutile.

Quant aux variétés de *Bény* et de *Fradaigue,* on doit se les procurer à tout prix ; mais je conseille alors de donner à ces poules ainsi tirées du lieu où elles prospèrent, des coqs de Houdan. Cet animal leur communiquera des qualités nouvelles et maintiendra les leurs par son sang *étranger au pays.*

Dans une espèce, on doit rechercher la *qualité* avant la beauté ; on sacrifie trop à cette dernière. — Si quelques métis font de gros œufs, prenons garde que pour couver il y a inconvénient, car souvent les jaunes sont doubles. Mais contrairement à M. Ch. Jacques, si on tient des poules pour l'usage de la cuisine, on doit aimer ces œufs-là.

Ainsi donc, que nos ménagères des champs, que ceux qui tiennent à conserver leurs gallinacés s'appliquent à l'exposition prochaine à remarquer les poules et coqs de *Houdan ;* les *Crèvecœur* aussi, les seules variétés que je conseille pour la Bresse.

Parmi les autres coqs et poules, qu'ils contemplent la beauté et le plumage des diverses variétés qui seront produites ; qu'ils admirent s'ils veulent tous leurs jolis airs, mais qu'ils ne s'en engouent pas! Là est le danger ; mon but ici a été de les prémunir contre un entraînement fâcheux.

Quand on voit primer des lots de volailles étrangers à son pays, on se dit : Mais ce sont donc les bonnes? Voyons, essayons-en. Puis on altère bientôt sa basse cour par des mélanges fautifs. Il serait à désirer qu'on récompensât surtout l'introduction d'espèces utiles à la contrée, et les expériences *concluantes* faites pour connaître ce qui lui convient.

Qu'on se rappelle que c'est au coq Cochinchinois que nos basse-cours doivent d'être aussi méconnaissables. Si cette race a des qualités dont je me fais le défenseur réel, elle est tout à fait ennemie de la Bresse, à cause des formes trapues et courtes de son corps, sa graisse *jaune* et sa lenteur d'accroissement, trois vices capitaux pour notre Bresse.

Comment s'est produite la poule de Bény et celle de Fradaigue?

Je voudrais faire honneur à l'intelligence et au sage raisonnement des possesseurs de ces deux précieuses races, mais cela me semble un peu difficile. On demande à un fermier de ces cantons : — Vos poules ont-elles la crête simple ou double? — Sai pò !... (je ne sais pas.) — Quel est leur plumage? — N'ai pò guéquia !... (je n'ai pas fait attention.) —

Ont-elles les pattes jaunes? — *La fena vous eu dera pro, mais ma n'eu sai pô!...* (la femme vous le dira bien, mais moi je n'en sais rien!)

Allez donc après cela supposer qu'ils ont mis quelque attention dans le choix de leurs poules.... Non, comme elles étaient belles et qu'ils vendent bien leurs gros chapons; ils n'en ont pas élevé d'autres. Puis par rivalité, ils évitent de les répandre; il faut être juste, ailleurs ces belles poules seraient vingt fois dégénérées. Cette petite digression donnera une idée du paysan de la Bresse...

—

Des autres oiseaux de basse-cour.

L'oie est en progrès; celle de taille ordinaire qui prospère si bien en Dombes sera-t-elle dépassée par l'oie énorme dite de *Toulouse,* ou par la petite *Bernache* récemment introduite? L'avenir l'apprendra. La grosse me paraît devoir rester parmi nous à l'état de curiosité; sa chair et son duvet ne peuvent avoir la valeur de ceux de l'oie moyenne. Ne nous pressons pas de lui donner asile. Quant à la *Bernache,* si elle finit par s'acclimater, ce sera une acquisition. Beaucoup de modestes ménages pourront l'élever aux champs, et au marché les petites bourses, toujours plus nombreuses, lui feront accueil; c'est assez pour l'encourager à se montrer: mais elle est délicate à élever et sera longtemps à un prix trop haut.

Je ne dis rien des canards; mais en Bresse ils s'engraissent beaucoup aux approches de la Saint-Martin. Au mois de mai on n'a que des élèves, et on n'a gardé pour la ponte, dans nos fermes, qu'un mâle et deux cannes. On a raison de tenir à l'élève du canard domestique, et nos mares, quelque peu monotones, perdraient trop à ne pas s'en laisser sillonner à l'aise. Le canard est pittoresque sur l'eau ; il aime la vie de famille et devient l'ornement du domaine.

Je rappelle que le croisement par le gros et triste *canard musqué*, mal à propos dit de *Barbarie*, produit des élèves d'un grand mérite et qui réussissent très-bien. Nous devons chercher à augmenter avec lui la taille de notre race domestique. Le canard musqué perd son musc dans ce croisement, c'est fort heureux ; et ce fait prouve que le mâle ne domine pas toujours pour les caractères (1).

Les métis qui en proviennent sont des *mulets*, improductifs, par conséquent ! Mais c'est beaucoup d'avoir obtenu un canard plus gros, non musqué.

Dindons. — Je ne sais si on exposera ce gallinacé en troupeau ; c'est très-coûteux à conduire à l'Exposition pour l'éleveur villageois ; puis donnerait-on une prime à un seul genre d'animal ? Je l'ignore et n'ose dire que je ne le pense pas. Rappelons cependant que l'élève s'en fait avec avantage dans les collines du Bugey, et dans les plaines de *Coutelieu*, de *Proulieu*, de *Loyettes*, de *Saint-Vulbas*, sur les bords du Rhône, et de *Martinaz*, sur les rives de l'Ain avoisinant Chazey.

Mais ce qui pourra étonner, c'est que la Dombes puisse conduire à bien ce volatile qui, dit-on, craint l'humidité du sol et les brouillards. Le fermier *Cantin*, au *Montellier*, réussit bien à les élever, et *Pagnion*, fermier au domaine de *Montaplan*, commune de Monthieux, sur 76 élèves en 1858, n'en a perdu que 6. En Dombes, la dinde n'étant pas soumise à l'engraissement qui est long et coûteux, se voit préférer la chair aquatique de l'oie qui s'engraisse plus vite, et qui lui est bien inférieure pourtant.

(1) Voir le chapitre sur les basses-cours de Bresse, à la fin.

Si donc la dinde n'est pas représentée en masse à notre concours, nous saurons où sont ses pénates et nous en tiendrons compte dans l'énumération de nos richesses locales.

Pigeons. — Le pigeon *Gros-pattu,* de Bresse, se voyait partout naguère; il n'y avait pas de fermier ou de journalier qui n'en élevât plus ou moins, mais il fallait le nourrir au logis; il produisait bien, mais coûtait trop. La réforme économique a trouvé sa place chez nos villageois, sachant toujours bien compter, et le *Pattu* a été croisé avec le *Fuyard* ou *Bizet,* qui va se nourrir au loin. Aujourd'hui le *Gros-pattu* est très-rare; il est remplacé par ce métis d'un nouveau genre, qui en effet a le mérite de se nourrir presque seul et dont la chair est meilleure que celle du Pattu. Le Bizet croisé abonde sur nos marchés; il n'a plus ou très-rarement de plumes aux pattes. On voit à ses côtés une autre variété très-bonne aussi, de même taille et dont la tête est ornée en arrière par une petite huppe en forme de crochet, comme le pigeon *Cavalier-faraud.*

Le plumage du *Gros-pattu,* du *Fuyard,* du *métis* des deux variétés ci-dessus, et celui du pigeon *huppe,* n'a pas beaucoup de différence. Cependant le Bizet et ses métis ont du blanc, du noir et du café au lait.

A l'Exposition de Mâcon il n'y avait pas de pigeons véritables, exposés comme oiseaux de basse-cour, car je ne compte pas ceux qu'on y voyait avec des plumes peintes de toutes couleurs.

J'ajouterai, pour être historien fidèle, que les gallinacés n'y formaient qu'une seule collection en nombre suffisant pour être classée, et dix départements concouraient !

Jamais Exposition n'aura été plus modeste en ce genre; celle de l'Ain, je le pressens d'avance, sera plus complète ; mais pourra-t-elle tout contenir ? Si la Société de Grenoble expose, on aura quelque chose de très-beau à voir, et si les éleveurs de l'Isère nous exhibaient leurs nombreux et beaux produits, notre emplacement serait trop petit à coup sûr ; dans ce département la gallinoculture est en progrès.

Apiculture.

I. Ruche nouvelle. — II. Ses avantages. — III. Miel très-blanc en Dombes. — IV. Filtre perfectionné. — V. Veilleuse-piége pour détruire toutes les fausses teignes. — VI. Hydromel.

Cette intéressante branche d'industrie est arriérée dans notre département ; je parle ici de la masse des producteurs villageois qui abandonnent à elles-mêmes leurs abeilles, et dont l'absurde et désolant axiôme est que *plus on les soigne, moins elles réussissent.* Et ces aveugles routiniers ne voient pas qu'ainsi la *fausse teigne* et les mauvaises saisons leur enlèvent les trois quarts de leurs ruches, et qu'avec des soins on les eût garanties.

Quelques amateurs, plus instruits et jaloux du progrès, ont cherché jusqu'à ce jour, et le meilleur miel et la ruche la plus propice, deux points qu'ils n'ont pas atteints, malgré toute la persuasion qu'ils croient en avoir. Je vais le démontrer dans un instant.

Partout, je le dis ici avec confiance, on peut obtenir du bon miel, aussi fin et blanc qu'à Narbonne même... Pour cela il faut savoir et *le récolter* et *le faire.* Jusqu'à présent on ne s'y est pas pris convenablement.

Description de la ruche nouvelle.

Que d'essais plus ou moins heureux n'ont pas été
faits depuis un siècle pour résoudre le problème
de la ruche parfaite ! Je me garderai de les citer
toutes dans la crainte d'en faire une énumération
interminable et peu utile. Qu'importe le passé ;
c'est du présent et de l'avenir qu'il faut s'occuper.
Je dirai seulement que la dernière Exposition de
Paris ne nous a pas apporté encore la ruche modèle. Celles de M. de Beauvoys sont reconnues en
Bresse d'un usage impossible ; j'y ai renoncé moi-
même. Ceux qui en ont fait fabriquer sur le modèle
que je dois à l'obligeance de cet honorable con-
frère (1) sont dans le même cas. Le maniement des
rayons mobiles est rendu très-difficile par *la propolis*
que les abeilles y collent pour les rendre solides ;
on perd beaucoup de temps à les manier.

Il restait, malgré les ruches *polytropes,* malgré
celle à *divisions verticales,* d'après Gélier et Fébu-
rier combinés, exposées par M. Sauria, et plusieurs
autres plus curieuses qu'utiles, la ruche à hausses,
ancienne, et la ruche villageoise, *ancienne aussi ;*
ces deux modèles, qui sont loin d'être parfaits pour
satisfaire les exigences de l'apiculture qui pro-
gresse chaque jour, étaient les seuls auxquels reve-
naient cependant les expérimentateurs du nouveau
et les cultivateurs eux-mêmes. Je laisse de côté
l'ingénieuse ruche *villageoise à rayons mobiles* qui
réunirait bien des qualités si ces mêmes rayons
n'avaient pas l'inconvénient inévitable de la ruche
de Beauvoys et les frottements forcés qui font périr
beaucoup d'abeilles. La ruche à cadres mobiles
aura, je crois, d'abord fait son temps.

(1) Membre de la Société d'Emulation et d'Agriculture de
l'Ain.

Voici venir une autre concurrente ; satisfera-t-elle les amateurs. Décrivons-là en peu de mots :

Elle est cylindrique, très-légère et faite en noyer mince, assujetti avec des cercles en bois ou en fer. L'odeur du noyer plaît aux abeilles, quoi qu'on en dise.

Elle se compose de deux hausses de 31 centimètres de diamètre extérieur et de 10 cent. intérieur.

Plus, d'une demi-hausse, formant *capote,* laquelle se recouvre d'un petit toit conique en zinc, s'ajustant à l'aide de trois crochets qui entrent dans autant de pitons, au moyen d'une torsion de droite à gauche, très-bien imaginée ; de la sorte le chapiteau est bien assujetti.

La ruche totale a 50 centimètres de haut, elle repose sur un socle mobile, arrondi en quart de rond, avec échancrure en face de la porte des abeilles.

Chaque hausse s'emboîte parfaitement sur une autre, ainsi que la capote. Leur fond est en chêne mince, et chaque compartiment, au moyen d'un trou rond, fermé selon le besoin par une lame de ferblanc à jour, tourne sur un pivot, quand on veut établir la communication ; ainsi, en tout temps, l'air circule de bas en haut dans la ruche ; c'est un point important.

L'espace vide entre le toit et la capote sert à déposer, dans une boîte grillée, la nourriture destinée aux abeilles dans la mauvaise saison.

La porte à coulisse des abeilles est percée de six ouvertures allongées pour laisser le passage à l'air quand on les ferme pour l'hiver ; en ne la soulevant qu'à une certaine hauteur, on empêche les bourdons de rentrer, quand on a le projet de les détruire, en évitant ainsi ces longs combats que les ouvrières leur livrent sans pitié.

L'aspect de la ruche peinte en blanc, avec ses trois cercles en vert, ainsi que le toit, est très-gracieux ; on la prend pour un petit poêle en faïence. Elle se place sur un piquet supportant une tablette.

II. *Avantages.*— Si l'on veut prendre du miel fin et blanc, on enlève la partie supérieure qui est en forme de boîte, puis on en replace une semblable. Désire-t-on récolter du miel vieux pour le commerce ? on pose une hausse vide au dessus de celle du milieu qui contient la récolte ; on tapote ; la reine monte ainsi que les ouvrières ; on détache ensuite la hausse, on souffle un peu de fumée sur les abeilles attachées aux gâteaux et on emporte la provision.

Veut-on faire un essaim artificiel ? on tapote encore pour faire monter les abeilles et la reine ; on place ensuite une hausse au dessous, et la ruche est reformée. On pose alors le tout sur une tablette mobile et l'opération est faite.

On garnit ensuite la hausse qui est restée en place, munie de ses abeilles avec hausse et capuchon ; les *orphelines* ont bientôt créé une reine nouvelle, les apiculteurs savent comment ; et sans bruit comme sans peine et sans accident, on a deux ruches au lieu d'une.

Le masque et les gants ne sont plus, à ce qu'il paraît, qu'un embarras inutile : il suffit d'allumer une cigarette, de lancer quelques bouffées autour de la ruche et pendant que les abeilles sont à l'air ; celles-ci restent calmes, pourvu qu'on opère sans brusquerie et loin du pillage possible. On a le soin d'imprégner ses doigts de la fumée du tabac, et les abeilles vous respectent infiniment. Tel est le mode récent d'opérer d'un apiculteur de la Dombes qui use depuis deux ans de la ruche Chevalier et qui a renoncé à l'usage de la ruche de Beauvoys. Ainsi avec cette ruche et la fumée de tabac, on n'a plus besoin de faire périr d'abeilles, ni d'user de l'anesthésie, toujours dangereuse et peu *secourable*...

Le point important pour réussir dans la production du miel, c'est d'avoir des populations fortes et nombreuses ; aussi doit-on marier deux essaims faibles pour atteindre ce but. M. l'abbé Ch. les met tout simplement à l'état de bruissement avec un peu de nicotiane, et il les amalgame ensuite brusquement. Le combat des reines a lieu, la plus heureuse survit bientôt, et tout rentre dans l'ordre accoutumé. Toutes ces opérations sont très-faciles avec la ruche Chevalier.

L'auteur pratique depuis vingt ans la ruche qu'il s'est décidé à nous faire connaître tout récemment. Jusques là il se bornait à l'utiliser dans le clos de son père... puis peu à peu il la perfectionnait en tenant compte des découvertes modernes. En effet, on a pu remarquer que cette ruche répond aux exigences utiles que l'expérience est venu nous apporter. M. l'abbé Ch. s'en sert, comme je l'ai dit plus haut, depuis environ deux années; il était presque le seul. Il y a peu de temps que M. Chevalier a donné à quelqu'un le droit de vendre cette ruche, car par lui-même il n'a pas le temps de s'en occuper.

Elle sera rendue publique cette année seulement et exposée au Concours régional de l'Ain. On est venu me prier de la faire connaître. Je regrette de ne pouvoir l'expérimenter moi-même, attendu que j'ai remis mes abeilles à des cultivateurs que je dirige de mes conseils. Mais M. l'abbé Ch., apiculteur praticien et instruit, a une quinzaine de ces ruches fonctionnant parfaitement; il avoue n'avoir jamais possédé rien d'aussi commode, et cependant il a essayé des ruches de plusieurs modèles, qui sont toutes plus ou moins défectueuses, sans en excepter celles de M. de Bauvoys et des autres inventeurs.

Le prix de la ruche Chevalier sera, selon moi, la seule objection qu'on lui fera ; elle coûte 15 fr. La petite propriété hésitera donc de se la donner, et pourtant M. Chevalier trouve un moyen de la remettre au chambrier le plus pauvre, et cela en échange de deux essaims ; ce qui n'est plus un déboursé. La durée de la nouvelle ruche, sa sûreté pour la vie des abeilles et pour leur prospérité, compenseront vite ce qu'il y aurait d'inégal dans le prix de revient pour les gens peu fortunés ; ajoutons que la réussite des abeilles dans cette ruche est si certaine avec quelques attentions, que le pauvre lui-même, réussissant toujours dans sa récolte de miel qu'il perdait avant par moitié, y trouvera un profit réel ; la durée de la ruche est indéfinie.

L'amateur aisé ne trouvera pas le prix de la ruche trop haut, car il y rencontrera les mêmes avantages que le pauvre. Mais il en est un autre, c'est que les gens riches pourront remettre à moitié leurs ruches à des cultivateurs, chose qui se fait partout, je crois, mais en Bresse surtout ; c'est ce qu'on appelle mettre des abeilles en *commande*. Le bailleur fournit les ruches et les abeilles.

Un des avantages de la ruche nouvelle, c'est qu'on la place isolée et qu'on en peut garnir un enclos ; elle est très-pittoresque par sa forme, et la couleur verte du chaperon la relève bien. Les abeilles aiment l'isolement ; le pillage alors n'est plus à craindre et la surveillance est très-facile. Les voit-on s'associer dans la nature ? Non.

Malgré le froid intense et la mince enveloppe de la ruche, les abeilles le supportent bien. Puis, qu'on se rappelle que les populations fortes se tiennent assez chaud par elles-mêmes, et l'on sait que le bon moyen de réussir en apiculture, c'est de n'avoir que des ruches bien pleines; l'art de marier les essaims trouve ici son application *indispensable.*

Je n'ai pas, au surplus, l'intention de tout dire sur cette ruche, qui me paraît appelée à être admise partout. L'auteur, dans une notice, fait ressortir mieux sa manière d'opérer.

Si on s'aperçoit que le froid augmente, il est très-facile alors de rentrer les ruches qui ferment bien et qui cependant conservent toujours en hiver comme en été un courant d'air indispensable à la santé des abeilles. Je préfère ce mode de préservation au procédé de M. Antoine dont l'*enfouissement* singulier est bien plus nuisible qu'il n'est utile; c'est ainsi que le considèrent les apiculteurs de ma localité. Et combien la rentrée au logis des ruches est plus simple et plus sûre! Là pas de main-d'œuvre; pas d'accidents à redouter; pas d'humidité fatale et bien difficile d'éviter sous terre!...

III. *Miel blanc en Dombes.* — M. l'abbé Ch. m'a fait goûter le miel vierge qu'il fait au centre de la Dombes, pays ingrat qui semble impropre à l'obtention d'un miel aussi bon que celui récolté sur les montagnes; la chose est ainsi cependant. Je l'ai comparé avec du miel des environs de Salins, dont j'ai vanté jusqu'à ce jour l'exquise qualité, celui de *Marlieux* est supérieur; il l'emporte sur du Narbonne mis en vente chez un marchand de notre ville, si toutefois c'était bien *du Narbonne!*... Ce miel se récolte au printemps ou dans l'été; il est le produit de la fleur de bruyère, et on n'en prend plus dès que les blés noirs sont en fleur. On laisse le produit de cette plante pour la provision des abeilles et pour le livrer au commerce en gros. Le miel vierge est tiré du capuchon; c'est ainsi déjà que nous avons celui des capots ou capotes. On a indiqué comme étant un bon moyen de blanchir le miel, de *l'exposer à la gelée vive et sèche pendant quelques nuits,* dans des terrines très-évasées, comme on le fait en Russie; je trouve qu'il est mieux encore d'user du filtre ci-après.

Mais là n'est pas tout le succès.

IV. *Filtre.* — C'est au moyen de cet appareil perfectionné que l'on conserve au miel toutes ses qualités. Il en acquiert, si l'on peut s'exprimer ainsi, car il devient blanc comme de la porcelaine, et se dépouille des principes âcres que le meilleur miel contient toujours. Il est compact, d'une dureté excessive, sucré au possible et parfumé. Mon miel de Salins, goûté après celui de Marlieux, perdait moitié de ses avantages, et pourtant il est de montagne et sa réputation est faite, et celui-ci sort d'un pays humide et souvent marécageux. Cependant il y a des pâturages en coteaux où fleurit la bruyère au printemps.

Eh bien! c'est le filtre qui fait ressortir toutes les qualités de ce miel. Je prévois l'objection, on me dira: Ce filtre, nous le donnerons à nos miels, ils seront aussi bons! C'est possible; c'est une épreuve à tenter, et je la crois nécessaire. Qu'on n'oublie pas, néanmoins, de bien choisir l'instant favorable pour la récolte, et surtont qu'elle provienne de plantes printannières et non de colzas ou de sarrazins...

Cet appareil contient deux toiles métalliques très-fines; de là le miel tombe dans un réservoir oblong en bois, garni de zinc; on le verra à l'Exposition, ainsi qu'une nouvelle ruche d'observation à huit pans vitrés, recouverts par une enveloppe mince, ressemblant à la ruche Chevalier; c'est une bonne idée, on la jugera à l'œuvre...

V. *Veilleuse piége.* — On ne connaissait que des moyens imparfaits pour faire la guerre à cette phalène redoutable, qui détruit à elle seule plus de ruches que les intempéries ; et cependant elle règne en souveraine presque partout. Une idée, aussi bonne qu'elle est simple, a fait découvrir à M. l'abbé Ch. un piége excellent. Depuis plusieurs années il l'a fait connaître, mais divers journaux ont décrit son procédé sans citer le nom de l'auteur, c'est fort commode... Ici nous faisons droit à sa réclamation. Voici ce piége :

Dans un plat fabriqué exprès, si l'on peut, et dont les rebords se recourbent en dedans, on met à demi-hauteur de l'eau miellée ; puis une veilleuse est placée au milieu dans un verre moyen ; or comme il y a bien de l'espace autour, les teignes, attirées la nuit par la lumière, et sentant le miel, se plongent dans l'eau. M. l'abbé Chaland en a trouvé un matin plus d'un cent dans une seule cuvette... et à l'aide de quelques chasses il a fait disparaître du pays ce papillon si dangereux pour les abeilles. Encore une idée simple et parfaite qui s'est fait jour ; plus on les cherche compliquées, moins on les trouve...

VI. *Hydromel.* — Il y a une éternité que cette boisson excellente est en possession de désaltérer bien des ménages. Je n'ai jamais osé risquer de l'introduire chez moi comme vin d'été, qu'elle représente bien mieux que mille boissons économiques prônées de tous côtés.

Les livres et les journaux retentissent assez souvent des vertus de l'hydromel que les Romains savouraient avant nous. On le compare au vin blanc mousseux, et bien des gens s'y tromperaient si ce n'était un arrière-goût de miel qu'on lui trouve ordinairement. Mais on réussit plus ou moins dans cette fabrication. Si l'apiculture continue à progresser dans l'Ain et si les cultivateurs s'y adonnent aidés par les amateurs instruits, la production du miel peut augmenter beaucoup ; dès lors l'hydromel viendra s'installer au foyer domestique pour y porter la joie et la santé. C'est dans ce but que je décris la méthode de M. l'abbé Ch.; elle est facile et très-peu coûteuse. J'ai lieu d'espérer qu'avec son exposition de ruches et de miel, ce producteur intelligent nous montrera son hydromel, agréable et fumeux comme le vin blanc du *Champ des mûres* (1).

« L'hydromel, dit le bon *Dictionnaire pittoresque d'histoire naturelle,* est agréable et ami de l'homme. »

La *miolette, piquette de miel* des campagnards bretons, est leur régal. Dans le nord de la France, on sert l'hydromel pur au dessert, comme liqueur fort estimée.

J'ai lieu d'espérer que l'Exposition agricole de l'Ain offrira de l'attrait aux connaisseurs, et que si nous ne brillons pas par la quantité, nous aurons qualité et *nouveauté.*

Je suis loin de m'applaudir de voir quelques industriels exhiber leurs *ruchers* et leurs offres de service; on les voit à tous les concours avec les mêmes allures; mais je ne pense pas qu'ils y viennent disputer d'honorables et flatteuses distinctions qui doivent être le partage des amateurs zélés et instruits qui font faire un pas à la science, qui étudient patiemment la nature et qui font *gratuitement* de lourdes dépenses qui profitent à tous. Je pardonne à ces apiculteurs qui se font richement payer, de venir à nos concours s'ils ont pour but de faire connaître leur adresse et leurs fabrications, en attendant qu'on juge des services qu'ils rendent à la science...

Comme il est extrêmement facile de parfumer le miel, nous nous tiendrons en garde contre ces sophistications intéressées... et comme la blancheur

____

(1) A Marlieux. Plus tard le *Journal de l'Ain* donnera la recette.

de ce produit, sa finesse et sa haute distinction ne peuvent s'imiter, nous saurons facilement donner un rang au miel qu'on nous soumettra prochainement.

La ruche Chevalier et le miel vierge de Marlieux, suffiront, je l'espère, pour donner de l'essor à l'exposition d'apiculture de l'Ain.

La substitution des hausses cylindriques aux carrées, est des plus heureuses et des plus commodes, car elles s'emboîtent bien les unes sur les autres au moyen du cercle du bas qui dépasse de moitié; jamais de fissures nulle part. Le courant d'air qui règne toujours dans la ruche est une grande et simple idée qui évite aux abeilles le temps et la fatigue qu'elles perdent à *ventiler* à la moindre chaleur qui ramollit leurs chers gâteaux; et la moisissure, si dangereuse avec toutes les autres ruches, est aussi sans effet.

Fruitières de l'Ain.

Cette industrie, qui naguère encore était reléguée dans les montagnes du *pays de Gex*, a successivement pris racine dans les arrondissements de *Belley* et de *Nantua*. Puis elle s'étend chaque jour dans celui de Bourg sur les pentes propices du *Revermont*. On en compte plus de deux cents dans le département.

Je ne saurais en faire ici une nomenclature complète et fastidieuse, bien que chaque localité triomphât d'être citée.

L'arrondissement de Gex occupera une place hors ligne, et j'engage ses meilleurs producteurs à se présenter seuls au Concours : je voudrais que le jury pût se prononcer sur le produit *ordinaire* de chaque fruitière ; c'est fort difficile, car chacun n'apportera que ce qu'il a de meilleur, et souvent ce sera *une exception* et pour la vérité *une déception*.

Cependant on sait qu'en général *le Gex* si connu est très-bien fabriqué.

C'est à une certaine altitude, on le sait, que le *bleu* s'obtient dans le fromage ; la même pâte élaborée *trop haut* reste pâle et sans aspect ; j'ajoute sans parfum...

Charix fait du *bleu*, mais soit qu'on le fabrique moins bien ou à une élévation contraire, il conserve un genre particulier ; il est très-bleu, mais sa pâte est sèche et grenue. Quoiqu'il diffère du *Gex* véritable, il le suit avec avantage, et c'est un très-bon fromage... pour changer.

Hauteville fabrique du façon Gruyère, sa position est contraire au bleu... Aussi le produit-on en contre-bas du Gruyère, et c'est à *Hauteville d'en bas* que les amateurs du *caseum* distingué vont le rechercher.

Quant au façon Gruyère que les montagnes de l'Ain engendrent de toutes parts, je reconnaîtrai que c'est un avantage pour le producteur laitier, qui trouve ainsi un bon placement de ses laitages et un aliment à consommer sur place bien supérieur aux fromages ordinaires du pays.

Il est des communes, telles que celles du Haut-Bugey, qui produisent à coup sûr du bon façon Gruyère ; mais le meilleur sera toujours inférieur à celui de la Comté, qui lui-même cédera toujours le pas au vrai *Gruyère* de la Suisse.

Si je m'applaudis dans un intérêt agricole de cette production considérable de fromage de 3ᵉ et de 4ᵉ ordre, on me permettra de déplorer cette inondation, la seule qui se mette en possession de tant de marchands qui ne tiennent plus de Gruyère.

C'est une calamité pour les amateurs des bonnes substances alimentaires.

Ces façons Gruyère étant à bas prix, se vendent si bien que la récolte de l'année se consomme vite, on ne trouve plus à Bourg du Gruyère vieux, le seul pourtant qui ait du prix. Puis afin qu'on en mange davantage, il est à peine salé. Si c'est une tactique du producteur, je la signale et je m'en plains au nom des consommateurs de bon goût...

Plus ces fromages se fabriquent sur des rampes basses, moins ils sont gras; arrivés dans la plaine, c'est quelque chose encore de supportable, mais on ne saurait le citer.

Je n'entends cependant pas, en portant ce jugement qui me paraît vrai, critiquer la production d'une *tomme,* car c'est le nom qu'elle mérite, qui voit le jour à *Cornaton,* commune de Confrançon. Ce genre de fromage, sec et sans prétention, je le suppose, est bien meilleur pour le cultivateur bressan, que ses caillés écrémés, sans goût ni azote, si nécessaires cependant à une bonne nutrition.

Les *tommes* façon Gruyère, de *Cornaton,* se débitent bien dans le voisinage, mais c'est un produit ingrat que l'on ne se presse pas d'imiter.

—

Fromages de chèvre ou de vache naturels, ou façon Mont-d'Or.

Ce genre de fabrication est très-restreint chez nous. Il aurait du succès cependant si on le produisait en grand. Le laitage de la Bresse est assez gras pour réussir en *Mont-d'Or* quand il n'est pas écrémé, condition forcée.

M. l'abbé Chanel, desservant de *Vandeins,* a une servante qui fait des fromages genre Mont-d'Or; ils sont de vache et pleins de qualités. L'été on doit les manger frais, ou bien *passés* étant mi-secs, car la chaleur les fait trop fermenter si on attend plus.

A Bourg même, Levrat, ancien jardinier de M. de Lateyssonnière, fait aussi des façons Mont-d'Or qui sont très-bons ; il les livre comme ceux de Vandeins, à 25 centimes pièce.

Mme Babad, de Confrançon, a exposé au Concours de Mâcon des fromages façon Mont-d'Or. Le cent est coté à 20 francs ; c'est un prix raisonnable. Le *Mont-d'Or* lyonnais revient à Bourg à 30 francs ; celui de l'Ain approche du véritable.

Le fromage de chèvre du pays se fait dans de petits moules coniques ; mais sur nos marchés il n'a plus ses qualités, car les femmes de campagne le démêlent quand il est caillé, avec du lait de vache ; puis le livrent tout frais au consommateur ; souvent même il est associé à du caillé écrémé de vache ; il en résulte un mélange hétérogène, supportable à l'état frais, *moins le goût de chèvre*, mais détestable en sec. Il rancit promptement, aigrit beaucoup et n'offre plus de substances nutritives.

Quelques femmes, jalouses de leur renommée comme ménagères, font de bons fromages de chèvre en petits moules, et frais ou secs ils sont parfaits ; on les vend 6 à 10 centimes pièce. Ces fromages sont très-bons mangés frais, mi-secs, très-secs, et enfin raffinés en étant secs ou mi-secs. Ce sont autant de goûts différents.

Je citerai la dame Ollivier, fermière à *Servaz*, dans le domaine *Marguin,* qui en apporte à Bourg tous les mercredis de quinzaine ; cette intelligente fermière fait aussi des fromages de vache en moules épais et hauts, non coniques. Quelques-uns de ces fromages écrémés sont cependant fort bons, grâce à la façon particulière qu'on leur donne. Les autres de lait non écrémé sont fondants et plus parfaits; ils approchent du goût du *gérardmer*, fabriqué dans les Vosges et qu'on vend en boîtes à Bourg à un prix élevé. Cette fabrication spéciale, faite sur une petite échelle, mérite d'être encouragée et augmentée.

Lyon consomme beaucoup de petits fromages de chèvre faits en bondes de tonneau; Mâcon également. Je les trouve supérieurs à ceux des marchés de l'Ain; la forme des moules y contribue. Ceux-ci sont égaux en haut et en bas. La forme conique des nôtres est très-mauvaise, et pour la dessication qui est inégale dans un temps donné, et pour le raffinage qui s'accomplit mieux sur un fromage rond et égal dans ses parties.

On fabrique dans quelques communes privilégiées du canton de Saint-Rambert (Ain) des *tommes* du poids d'un demi-kilogramme et au-dessus, qui ne sortent pas de la localité. Elles sont excellentes et le lait de brebis qui y domine plus ou moins leur donne une saveur propre et très-relevée. On les mange quand ils sont devenus gras à la cave. Ils sont très-recherchés des amateurs qui les consomment fondus en crême épaisse. C'est un régal spécial au pays. Il est peu de fromages qui puissent se fondre aussi facilement, toutefois à l'aide d'un feu très-doux. Leur prix de revient sur place est de 1 franc 25 le demi kilog.

—

Quelle garantie aura-t-on pour apprécier nos fruitières?

J'aborde en terminant, sur cette partie du Concours, une réflexion importante.

Qui empêchera que chacun ici choisisse dans sa fabrication ce qu'il y a de mieux?... Qui fera qu'une fruitière rivale n'achètera pas quelque part un ou deux bons fromages pour nous les montrer, tout cela à l'insu des autorités locales appelées à délivrer des certificats. C'est là un point délicat pour les jurés dégustateurs... et si comme je le suppose, sur deux cents fruitières de l'Ain, il y en a cent qui produisent, comment se reconnaître dans tout cela? Primera-t-on celles dont la réputation est faite, ou bien seulement les heureux et ardents concurrents qui présenteront au nom de leur fabrication un bon fromage? MM. les jurés trouveront sans doute dans leur expérience un moyen de se tirer de cet embarras, et de récompenser le fabricant vrai et produisant du bon *habituellement*.

L'agronomie est une belle chose; avec des capitaux et de l'expérience on réussit toujours; tout se perfectionne pour y arriver, et tout s'améliore sous nos yeux; le moment n'est pas loin où cet art primitif, le plus certain et le plus utile de tous, ne donnera au plus grand nombre que des satisfactions sans fin. Voici venir la vache *sans cornes,* phénomène curieux obtenu à l'aide de la science; bonne laitière et d'un type perfectionné, elle promet de grands avantages.

M. Dutrône, conseiller honoraire à Amiens, s'est appliqué depuis dix-huit ans à produire la vache sans cornes; il y a réussi et la répand autour de lui autant qu'il peut. (Voir *Sud-Est* 1858, p. 645.)

La chèvre sans cornes, gracieuse et féconde, la suit déjà, puis le porc sans poils; à cette qualité commode pour l'apprêter quand il est abattu, se réunissent celles d'être de taille moyenne et propice à l'engrais.

Pour achever ce tableau, nous pourrons avoir la poule, la vraie poule qui ne gratte pas; elle est moyenne, mais on peut en la croisant judicieusement, augmenter son volume et la rendre plus délicate à manger.

8

La courte-patte, devenue très-rare, est une poule d'amateur distingué. Elle réunit toutes les qualités possibles, et a de plus que les meilleures races l'inappréciable avantage de ne pas gratter... Elle est la seule... Comme sa taille est moyenne, la passion du *joli* détourne l'amateur de cette espèce qu'il faudrait inventer si elle n'existait pas...

L'apiculteur ne rêvera pas en vain l'abeille *sans aiguillon*, l'abeille des dames, sera bientôt introduite et répandue. Son nid est suspendu aux arbres dans la Guyane anglaise; on récolte le miel chaque mois en crevant les parois du nid, et les abeilles peu redoutées le réparent promptement : heureux temps!... Le verrons-nous avec la *méllipone* au nid conique?

—

Vins du département de l'Ain.

La vigne est une des principales cultures de l'Ain. Le cep y est conduit dans la partie montagneuse en vigne basse ; c'est ainsi aménagé qu'il donne le meilleur vin. En plaine, et dans les arrondissements de Trévoux et de Bourg, on rencontre beaucoup de *hautins,* dont l'élévation ordinaire ne dépasse pas 1 mètre 33 centimètres; ils donnent du vin blanc. C'est le *Chardonnet* qui en forme la base. Il est précoce et se boit très-bon en sec la même année, gardé dans le tonneau et mis en bouteilles à un an. Dans les environs de Belley, on voit aussi des hautins; ils font un vin rouge d'une médiocre valeur, à quelques rares exceptions près.

Si j'avais à classer nos arrondissements par ordre de mérite, celui de Belley aurait le n° 1, celui de Bourg le n° 2, de Trévoux n° 3, Nantua n° 4, et Gex n° 5. Je n'ai pas l'intention ici de démontrer l'équité de cette coordination, et je permets aux producteurs toutes réclamations possibles, à la charge de les démontrer preuves en mains aux experts !

Le tableau suivant, que je ne donne que comme une indication incomplète, mais où les meilleurs crûs sont dénommés, remplira par sa brièveté le but que je me suis proposé :

1° De faire connaître les vins de notre département;

2° D'engager nos bons crûs à se montrer à l'exposition.

Sur le premier point, il est peu d'habitants de la France qui possèdent quelques données favorables à notre réputation bachique. Dans le département même, beaucoup ignorent ce qu'il en est. Je ne saurais pardonner aux écrivains qui ont à tracer la statistique d'un pays, de partager cette ignorance, et ce n'est pas d'un trait de plume qu'il est permis d'aller anéantir la réputation d'une contrée intéressante.

On s'étonnerait de ces paroles si je ne signalais pas la cause qui les fait naître.

Voici ce que je lis dans *le Vigneron*, journal parisien, du 1er juillet 1858 :

« *Département de l'Ain.* — On cultive dans ce département depuis 1810, et indépendamment de la vigne ordinaire, un plant connu sous le nom de *hautin*. Le hautin produit beaucoup plus de raisins que la vigne ordinaire.... »

L'auteur ajoute que d'après plusieurs propriétaires, il faut remonter à vingt-cinq ans pour trouver la vigne en accroissement, et qu'il a été peu sensible de 1850 à 1858 ; le contraire aurait eu lieu pour la culture du *hautin*.

Plus loin : « Au surplus, les vins de ce département, à de rares exceptions près, sont de crûs assez médiocres. »

L'auteur de l'article, M. Louis *Pontié*, pense que c'est la nature du sol qui est cause de cette infériorité, et il nous engage, avec le bon Jean de La Fontaine, à travailler :

> Travaillez, prenez de la peine,
> C'est le fonds qui manque le moins.

Mais pour être renommé, notre vin ne saurait que faire des ressources *de La Fontaine ;* il est bien travaillé, le sol est propice et le produit parfait !

Je me borne à cette simple observation et je dédaigne d'établir que le cépage *cultivé en hautin* est en général le *Chardonnet*, en Bresse et en Dombes, raisin blanc; le treillage qui le supporte en contrespalier est le *hautin* lui-même, qui n'est pas un plant ! En Bugey, le raisin rouge a son nom propre et n'est pas plus un *hautin* que l'autre, si ce n'est au figuré, en prenant la partie pour le tout.

Le *Vigneron* (1) est un très-bon journal dont les deux premiers numéros m'ont été envoyés gratis dans le temps; ils ne pouvaient pas tomber mieux, on le voit, et j'ai attendu l'occasion que je saisis aujourd'hui pour réclamer en faveur de notre pays, cruellement maltraité. C'est une fatalité que cet anathème soit formulé tout juste dans le premier numéro d'un journal qui porte un nom si cher à Bacchus ; c'est jouer de malheur ! Si les autres départements sont aussi bien étudiés, bon nombre de leurs habitants ont dû réclamer. Je ne l'aurais pas fait moi-même si je n'accordais pas mon estime à ce journal nouveau, appelé, s'il conserve son heureux mode de rédaction, à un succès croissant.

(1) A paru le 1ᵉʳ juillet 1858.

Je suis convaincu que ses rédacteurs prendront en bonne part ma réclamation, qui ne leur est pas hostile, et qu'ils applaudiront à mes observations.

Me permettront-ils une pensée un peu légère et de leur dire : *Vigneron,*

In vino veritas!

C'est pour l'Ain le cas ou jamais.

Cela dit, je passe au tableau des vins du pays, dans l'espoir de convaincre ce bon journal de la valeur de nos crûs nombreux.

NOMS			VIN			COULEUR DU VIN.	
de la COMMUNE.	de la VIGNE.	du PROPRIÉTAIRE.	quand BUVABLE.	quand MEILLEUR.	SA DURÉE.		
1 Contrevoz et Pugieu.	Manicle.	Héritiers Deville. Joseph Sourd. Héritiers Tendret. Collet-Meygret. Etc.	A 5 ou 6 ans	De 10 à 25 ans.	30 ans.	Rouge.	Blanc.
2 Virieu-le-Grand.	»	Jenin des Prost. Saint-Pierre. Muguier. Vesu. Jurron. Peysson. Charcot. Etc.	A 10 ans.	De 20 à 30 ans.	30 et 40 ans.	Id.	Id.
3 Belmont.	Massignieu. Pontet. Ponavey. Pellajoie. Bavosière.	Définod. Roux. Tronchon. De Lauzière. De Montillet.	A 4 ans.	20 et 30 ans.	30 et 40 ans.	Id.	Id.

NOMS			VIN			COULEUR DU VIN.	
de la COMMUNE.	de la VIGNE.	du PROPRIÉTAIRE.	quand BUVABLE.	quand MEILLEUR.	SA DURÉE.		
4 Dons.	Chassins. Dons-Dessus Dons-Dessou Côtes-Grèles	Capitaine Pochet. Frères Costaz. Brillat-Savarin. Pernéty. Mme Combe.	3 à 10 ans.	25 et 30 ans.	40 ans.	Rouge.	Blanc.
5 Ameyzieu.	Machuraz.	Dallemagne. De Rostaing. Carrier. Daguières.	5 ans.	10 à 15 ans.	Id.	Id.	
6 Cerveyrieu, Yon et 7 Artemare.	»	Collet-Meygret. Guilland. Combet. Garin.	5 ans.	10 à 15 ans.	Id.	Id.	
8 Talissieu.	Paradis.	Clerc. Favier. Labâtie. Françon.	3 ans.	10 ans.	30 ans.	Id.	

NOMS			VIN			COULEUR
de la COMMUNE.	de la VIGNE.	du PROPRIÉTAIRE.	quand BUVABLE.	quand MEILLEUR.	SA DURÉE.	DU VIN.
9 Béon et Lhuirieux.	S¹ le Château Trabuchet. Cujeuses. Chartreuse. Brisevaux. Bel-Air.	Combet. Guilland. Morel. Tournier. Mollat (héritiers).	3 ans.	5 à 10 ans.	30 ans.	Rouge.
10 Culoz.	Pontenay. La Craz. Corléaz.	Arist. Tendret. Charcot. Tournier. Huet (héritiers). De Beaulieu. Chabert.	Id.	Id.	Id.	Id.
11 Virignin.	Les Etables.	Arnaud. De Cordon. Jeandet.	Id.	Id.	20 et plus.	Id.
12 Lagnieu.	Vaux.		1 an.	5 ans.	15 et 20.	Id. Blanc.
13 Groslée.			2 ans.	Id.	10 ans.	Id.

| NOMS | | | VIN | | | COULEUR DU VIN. | |
de la COMMUNE.	de la VIGNE.	du PROPRIÉTAIRE.	quand BUVABLE.	quand MEILLEUR.	SA DURÉE.		
14 Lhuis.			2 ans.	5 ans.	10 ans.	Rouge.	
15 Montagnien			1 an.	10 ans.	15 et 30 ans.	Id.	Blanc.
16 Seyssel.		Genolin. Tissot. De Quinsonnas. Etc.	Id.	1 an.	4 à 5 ans.		Id.
17 Ambérieu.	St-Germain. Les Abbéanches Darèze. Dauphine. Du Château. La Panissière La Sommeil{re} Etc.	Héritiers Sirand. Cozon. Vicaire. Dambérieu. Charles Bouvet. Etc.	3 ans.	3 ans.	5 et 10 ans.	Id.	Id. à 1 et 5 ans.

| NOMS | | | VIN | | | COULEUR |
de la COMMUNE.	de la VIGNE.	du PROPRIÉTAIRE.	quand BUVABLE.	quand MEILLEUR.	SA DURÉE.	DU VIN.
Arrondissement de Bourg.						
18 Journans.	»		3 et 5 ans.	3 et 5 ans.	10 ans.	Rouge.
19 Ceyzériat.	Montjuli.	Milliet-Bottier.	2 ans.	Id.		Id.
20 Meillonnas	»		Id.	Id.		Id.
St-Mar.-d-M	Gravelles.		1 an.		5 ans.	Blanc.
Arrondissement de Trévoux.						
21 Mognen°.			2 ans.	2 ans.	3 et 4 ans.	Rouge.
22 St-Germ.-de-Renom.			1 an.	1 et 3 ans.	4 et 5 ans.	Id.	Blanc.
23 Marlieux.	Ch. d° Mûres.	J.-F. Cruizevert.	Id.	1 et 5 ans.	6 ans.	Id.	Id.
24 Vonnas.	Aux Travers°	Heritiers Sirand.	Id.	2 ans.	3 ans.	Id.	Id.
25 Dompie^{re}.-de-Chalar.			Id.	Id.	Id.	Id.
26 Clémencia			Id.	Id.	Id.	Id.
Arrondissement de Nantua.						
27 Surjoux.	Malbuisson.	Cadre.	2 ans.	5 et 6 ans.	5 et 6 ans.	Rouge.
28 Serrière.	Piperons.	Héritiers Pupunat.	Id.	3 et 4 ans.	3 et 4 ans.	Id.
29 Poncieux.	A l'Écotay.	Héritiers Blanc, Ba-jollet.	Id.	4 et 6 ans.		Id.
30 Mérignat.		Bolliet.				
31 Cerdon.		Mme Martinière.	1 an.	1 et 10 ans.	10 et 12 ans.	Blanc.
Arrondissement de Gex.						

Il serait difficile de trouver un arrondissement plus richement doté par la nature que celui de Belley. Tous ses crûs renommés et qui sortent peu du pays suffisent pour le démontrer. Je place ces vins dans l'ordre assigné à leur mérite respectif par les notables du pays même, et le *Vigneron* nous accordera que des crûs qui se gardent plus de trente ans ont de la *vertu;* quant au goût, je le trouve très bon, mais un étranger à la localité est bien libre de le regarder comme détestable.

Les vins blancs du même territoire occupent aussi un rang très-distingué, et sur place nul ne le conteste, lors même qu'il est propriétaire d'un clos rival.

Le Seyssel est connu depuis longtemps; seulement il est très-inégal; il y a, venant du même tonneau, des bouteilles fort bonnes et d'autres qui ne valent rien. On l'a champagnisé pour obvier à cet inconvénient; il réussit mieux, simule quelque peu l'Aï mousseux, mais on le dénature et ce n'est plus du *Seyssel,* pas plus que tous les mousseux de la Marne ne sont de l'Aï vrai, qui ne mousse pas et qu'on vend pour un prix double et triple.

· Les vins blancs de *Virieu,* de *Montagnieu* et de *Vaux* se boivent à un an, mais ils se gardent long-temps en sec et sont des vins parfaits de dessert. Ils sont très-spiritueux et réclament le petit verre.

—

Autres arrondissements.

Les vins de ces contrées sont en deuxième et troisième ordre après ceux de l'arrondissement de

(1) En 1850 j'ai publié un opuscule sur les vins du département de l'Ain; à quoi sert le dépôt des ouvrages à Paris, si ceux qui ont à écrire ne peuvent les y trouver?

Belley. On les donne à l'ordinaire, avec plus ou moins de *satisfaction* des convives. Les rouges me semblent inférieurs aux blancs, qu'on peut faire figurer avec avantage. Le *Gravelles* a quelque prétention à la suprématie; mais je ne sais pourquoi ce droit lui est refusé dès que ce crû léger a franchi les limites des chers propriétaires !

Le *Champ des Mûres*, à Marlieux, fournit un vin blanc que j'ai goûté cette année. Il me semble appelé à mériter l'attention; non seulement il mousse naturellement, reste sucré quand même, mais il se garde cinq et six ans en bouteilles. Pour un vin *de Dombes*, certes, c'est quelque chose !

Clémenciat, aussi en Dombes, cherche à lui disputer le pas. Mon avis personnel sera contenu ici; il est trop juste que des appréciateurs étrangers à notre pays disent librement et sans doute parfois *dûrement* leur opinion.

L'arrondissement de Nantua peut montrer au premier service ses vins de *Malbuisson*, de *Piperons*, de *l'Ecotay;* ce dernier, dépouillé par cinq lustres, oserait se risquer même au second service... dans l'arrondissement de Nantua !

Il nous reste à mentionner pour cette contrée le vin blanc de deux cantons de Cerdon, l'un à M. Bolliet, l'autre à Mme Martinière. Il se conserve beaucoup.

—

Comment exposera-t-on les vins du département ?

C'est pour arriver à une expertise concluante que j'ai sollicité les producteurs du Haut-Bugey d'exposer leurs vins si méritants.

Ils y sont disposés; mais comment s'y prendre ? Voici ma façon de penser :

Ce n'est pas une lutte que je voudrais voir s'établir entre nos crûs départementaux, mais un simple tournois où chacun étalerait ses mérites personnels, et surtout je désire que l'expertise, en donnant à chacun les bases de ce qu'il doit penser de sa production, établisse au dehors comme au dedans la valeur de nos vins.

Je désire qu'on partage l'opinion que j'émets que tous nos propriétaires de bons crûs annoncent qu'ils se placent *hors concours;* de la sorte ils montrent que nul ne cherche à l'emporter sur ses voisins; il n'y aura de la sorte aucun amour-propre blessé. Il serait fâcheux peut-être qu'il y eût entre les concurrents, des lauréats quelconques qui après tout n'auraient d'autre mérite que celui de récolter de par la nature et par ses devanciers, un vin plus ou moins réputé. Mais ce qu'il importe, c'est de réhabiliter notre contrée et d'appeler enfin le grand jour sur ces clos estimés qui pour nous ont du mérite. Le commerce s'en empare peu, il est vrai, mais ils n'en constituent pas moins un bien-être local qu'on est en droit de voir apprécier.

L'occasion de relever les produits de l'Ain dans l'esprit de tous est trop belle pour la manquer; elle ne se représentera jamais, qu'on y songe !

J'ai sollicité la nomination d'une commission spéciale et *compétente* pour déguster nos vins. Si je suis assez heureux pour l'obtenir, les producteurs viticoles de l'Ain en seront avertis, je l'espère, et ils s'empresseront de se montrer.

A Mâcon, l'an dernier, les Mâconnais eux-mêmes ont très peu exposé de vins. Les vins de *Corton,* de *Chénaz* et du crû des *Thorins* sont les seuls dont parle le rapport sur l'exposition. Puis, un exposant de Dijon a produit sa crême de *Vougeot;* c'est peu en présence de pays aussi riches appelés à se montrer. On peut répondre : *nous étions connus!*

Il reste quelques difficultés de détail qu'il me semble utile de faire connaître.

Les vins de l'arrondissement de Belley, ceux compris jusqu'au n° 11 inclus du tableau, sont forts en couleur, d'une robe superbe à cinq et dix ans, pleins de vinosité, pourvus d'un bouquet très-agréable qu'on chercherait vainement ailleurs; ils le perdent en se dépouillant et tournent en spiritueux pur en se chargeant d'âge. Les étrangers au pays, je suis de ce nombre, les préfèrent jeunes, à cause de ce bouquet parfait, si riche en tannin, et par conséquent propice à la digestion.

Pour les juger il faut les avoir sous trois âges différents : à 2 ans, à 10 et 15 ans, puis enfin à 30 ou à 40 ans. Seulement, je rappellerai qu'ici se trouve un écueil dans lequel tombe souvent le propriétaire. L'habitude qu'il a de son vin fait qu'il ne s'aperçoit pas quand il a trop vieilli.

A mes yeux, *Cerveyrieu* est le premier vin du Haut-Bugey; *Machuraz* vient après; puis *Virieu, Lhuirieux, Béon, Manicle, Belmont, Talissieu, Dons, Culoz, Virignin; le Clos des Etables* de cette localité ne doit pas s'affliger d'être ici à la fin de la liste, car il est en si bonne compagnie et tous ces vins sont si bons et si agréables tous pris à part, qu'on leur donne la palme à chacun; dès-lors *Virignin* serait le second. J'ai du reste, dans mon tableau, cherché à mettre en évidence tous les crûs de mérite. Je n'ai jamais émis la prétention de tout dire sur ce sujet et de classer ces vins; mes appréciations, du reste, émanent des fins dégustateurs de Belley.

J'engage donc ceux qui exposeront leurs crûs, de les décanter avec soin, de les étiqueter de même avec une bande *collée*, portant leur âge, leur provenance et le nom de leur *propriétaire*.

Ces flacons seraient, ou envoyés par leurs possesscurs à mon adresse, s'ils ne se rendent pas a Bourg, et ils en disposeraient après l'exposition comme il leur plaira; je m'offre à être leur surveillant.

Ou bien ils peuvent les apporter eux-mêmes, en annonçant *tous* à l'avance quelle est leur intention, afin qu'on sache s'il est à propos de nommer une commission spéciale et s'ils peuvent être reçus (1).

Les vins blancs devront aussi être soumis au jugement des dégustateurs, sous plusieurs formes, à un an, à 3 ans et en sec, ou plus jeune ou plus vieux.

Le *Virieu* blanc est parfait en mousseux ou devenu liquoreux, mais il est capiteux et se fait respecter des buveurs.

Le *Montagnieu* est du même genre, quoique à une très-grande distance territoriale.

Le *Seyssel* non champagnisé est très-généreux et léger ; le *Vaux* est très-agréable jeune, mousseux ou en sec.

Les autres vins blancs des autres parties de cet arrondissement et du département, tenus un an en tonneau, deviennent secs, sont de primeur et se classent, selon moi, dans les *bons Chablis*. Plusieurs perdent à être tenus à l'état mousseux (2).

Viendra-t-on nous exposer quelques-uns de ces crûs déguisés en Champagne? A mes yeux, ce serait une faute, car nul ne peut juger le mérite

(1) Passé le 1er avril, si on n'a pas fait de demande au ministre, il est trop tard; mais comme on peut se mettre hors concours, sans doute M. le préfet autoriserait.

(2) Les qualités du Seyssel et du Gravelles sont attribuées et seraient dûes au calcaire marneux où ils croissent. Ce sol se rapproche du terrain blanc de la Bresse et de Dombes, où le vin blanc acquiert aussi son mérite.

d'un vin ainsi *falsifié*, je ne retrancherai pas le
mot; quel est l'attrait fondé que cette liqueur ainsi
sophistiquée peut offrir à l'ami de Bacchus? Celui
que les dames légères trouvent à la mousse qui
l'est encore plus!... Pour couper court au concert
de réclamations que cette opinion peut soulever,
je rappellerai que les Champenois qui se respectent
ne touchent jamais au Champagne non mousseux;
que celui-ci se fabrique *partout* avec du sucre et de
l'eau-de-vie, et qu'enfin avec un vin quelconque,
blanc ou rouge, jeune ou vieux, on vous fabriquera
du façon Champagne tout prêt à vous séduire; et
pour dernier argument, j'ajoute qu'un propriétaire
de Lons-le-Saunier, de ma connaissance, ayant
quinze ou vingt foudres pleins de vieux vin rouge,
trop dépouillé et dédaigné des acheteurs, le fit
champagniser et en a inondé le commerce. Que de
gens, en le buvant, se sont trouvés heureux de
sabler du Champagne!

Si j'avais l'honneur d'être juré, je n'accorderais
aucune attention à un vin quelconque qui ne serait
pas naturel.

Produits agricoles.

Ici se rangeraient, s'il en était besoin, de très-
nombreux spécimens de notre richesse territoriale
de l'Ain.

Les céréales seraient en première ligne; mais
que récompenserait-on? la production de tous. Le
blé le mieux criblé? chacun peut en avoir. Les
farines les plus blanches? on y arrive avec des
procédés perfectionnés. Les maïs? le sol de l'Ain
en est couvert, ils brillent appendus en longs épis
autour des fermes rurales, selon la tradition gau-
loise! Les oléagineux prospèrent aussi; les bette-

raves arrivent dans la culture un peu routinière de nos cultivateurs. Primera-t-on ceux qui réussissent en grand dans cette indispensable production de toute exploitation qui se respecte? Pourquoi, pour féliciter ces producteurs de ce qu'ils savent cultiver une plante qui les enrichit en doublant leurs laitages et la qualité de leur bétail. Ce serait récompenser le succès et le raisonnement, les médailles ne suffiraient pas! Et cependant le Concours régional ouvre ses portes aux produits agricoles!

Les chanvres de l'Ain sont renommés; ceux des environs de Pont-de-Vaux acquièrent une hauteur telle qu'un cavalier est caché dans un champ prêt à être récolté; ils sont si fermes que la marine s'en empare pour façonner ses cordages. On se chauffe et on fait les gaufres avec ses chenevottes énormes.

A coup sûr une végétation semblable est peu ordinaire, et ici ce n'est pas la végétation exceptionnelle et sans mérite d'un plant que l'on admire, mais celle des champs communs du pays. Nous verrions avec plaisir ce beau chanvre à l'exposition.

Le sol sablonneux et alluvien du canton de Pont-de-Vaux, limitrophe de la Saône, est un sol de jardin. Le chou-fleur y acquiert des qualités et des dimensions exceptionnelles. Heureux pays! sans doute ses habitants le valent tous!

La culture du froment est pour la Bresse une source de richesse alimentaire excellente dont elle vend au dehors une énorme quantité. Mais hélas! celui qui produit la première des céréales, en consomme bien peu, et ce qu'il en retient pour lui ce sont des criblures ridées et *inféculentes* qu'il associe à l'orge ou au maïs pour en faire son pain quotidien, lourd et peu réparateur!...

« Et ce riche froment est pour l'homme, dit M. Jourdan, le rapporteur instruit du Concours de

10

Mâcon, au nom de la commission des domaines (1), l'aliment le plus parfait. C'est lui qui contient dans de plus justes proportions et la matière féculente et la matière azotée ou fibrine végétale. Les analyses chimiques les plus récentes et les plus sévères n'ont pu indiquer, quant à leurs composants, de différences sensibles entre la fibrine du froment et celle des viandes les meilleures et les plus riches. Le froment est donc l'aliment le plus approprié à notre nature; c'est l'aliment qui favorise le plus complet développement de nos facultés intellectuelles, et qui semble se rattacher par un lien mystérieux à un développement semblable de nos sentiments moraux. Les peuples qui se nourrissent du pain de froment se sont toujours fait distinguer entre tous les autres peuples par leurs éminentes qualités. »

Ce beau paragraphe que je suis heureux de reproduire, est tout à l'adresse française; nous pétillons de vivacité, d'esprit, nos bonnes qualités sont-elles à la même hauteur? Les Français sont aimables, généreux, mais il est sans doute accordé que le revers de la médaille se rembrunit un peu à l'aide de nos inquiétudes politiques ou naturelles... Je m'arrête et reviens au froment, c'est plus classique et plus propre à un accord général.

Je donne ici comme corollaire de l'application de M. Jourdan, les résultats chimiques obtenus par M. Emile Gueymard, ingénieur en chef à Grenoble, sur la production des céréales. Il est reconnu que l'élément calcaire est indispensable à la réussite du blé, et quand un sol en manque, il faut le lui apporter. De là ces chaulages si utiles dans nos terrains blancs et imperméables de la Bresse.

Mais ce qu'on ignorait, c'est que les champs les mieux pourvus de calcaire naturel, le perdent par

(1) Voir le Compte-rendu du Concours de Mâcon en 1858.

suite de leur culture et peu à peu, de telle sorte
que si l'on reconnaît qu'un champ, jadis fertile en
blé, n'en donne plus ou du très-mauvais seulement,
cela tient à ce qu'il a perdu à *la longue* ses éléments
calcaires. Il faut les lui rendre promptement.

Voilà une découverte de la plus haute importance ; elle mérite d'être promptement connue (1).

Une importante observation est aussi due à M.
J. Magne, c'est que les sols calcaires, très-propices
à l'élève du bétail, engendrent le terrible charbon
bien plus souvent que les terrains d'une autre nature. Il nous a fallu bien du temps pour connaître
cette conséquence.

La nature de cet écrit m'interdit tout développement digressif ; j'en use un peu trop déjà, et je
crains d'être taxé de prolixité importune...

—

Produits industriels.

Cette nature de produits se lie à celle dont je
viens de parler, mais elle se rapproche plus de
l'industrie.

Ainsi on a primé à Mâcon MM. Bessy, de Châlon-
sur-Saône pour leurs belles préparations du maïs.
C'est une réussite que d'avoir su faire ressortir de
cette plante tous les mérites qu'elle contient. J'en
ai essayé et j'ai fait des efforts pour m'accoutumer
à consommer le maïs en semoule et en riz ; peu à
peu je suis retombé dans l'habitude de le consommer
en farine, et il m'a semblé que c'est là le résultat à
redouter par MM. Bessy. Je ne voudrais pas que
cette opinion fût regardée comme une attaque

(1) Voir *Sud-Est* de 1858.

contre eux, mais j'ai dû en dire mon sentiment; à
Bourg, ce produit n'a pas pris. Le maïs du pays
me paraît peu riche en éléments féculents, on
lui substitue, je crois, le *tuscarora,* à grains blancs,
gros et plats, fort tendre et riche en farine... Mal-
heureusement cette graminée est très-délicate; j'y
ai renoncé dans mon jardin.

Mûriers. — Soie. — La maladie des vers à soie a
causé dans la partie montagneuse du Bugey où elle
florissait avant, une panique générale. On a arraché
une grande quantité de mûriers. Cependant on livre
encore aux fabriques de l'arrondissement de Belley
une notable quantité de cocons. Nous pourrions
exposer de la très-belle soie.

Laine. — Nos filatures ont toujours obtenu d'écla-
tantes distinctions partout où elles se sont montrées.
A l'Exposition elles figureraient avec honneur.

—

Des moyens de régénérer les basses-cours de la Bresse.

Nous possédions en Bresse une variété de poule
réussissant admirablement. Elle était précoce pour
la ponte et pour les jeunes poulets; très-prompte à
s'engraisser, robuste et douée de cette belle forme
allongée qui lui donne tant d'éclat sur nos marchés.
Qu'en avons-nous fait? elle se perd chaque jour,
et pourquoi? On ne vend plus qu'une faible partie
de volailles fines et délicates encore; le grand
nombre a la graisse jaune, la chair dure et le corps
trapu, osseux. Les œufs perdent leur blancheur
éclatante; on en voit de toutes nuances étalés dans
le même panier d'une fermière.

Interrogez ces fermières, elles vous diront que
ces œufs colorés sont des œufs de *russes;* la crête

simple des poulets du pays est portée double, triple; elle est rase chez beaucoup de coqs et de poules, toujours par le fait du mélange des coqs dits russes.

Toutes ces altérations viennent du mélange inconsidéré de coqs du pays dégénérés, d'abord, puis ensuite du coq dit russe soit du cochinchinois. Ainsi l'espèce s'est abâtardie.

On aurait pu la conserver bonne en ne propageant que de beaux coqs et de belles poules ayant bien les caractères de leur race. En croisant ces poules avec des coqs russes ou cochinchinois, on a complètement altéré la poule bressanne. Ajoutons que sans mélange adultérin, livrée à elle seule, elle a perdu ses caractères, ses formes et sa finesse de chair.

Les coqs russes ont-ils des qualités? M. Charles Jacques n'admet pas de coqs et poules *russes;* M. Paul Letrône non plus. M. Mariot Didieux les dit très-répandus sous les noms de *Padoue,* de *Perse,* de *Rhodes,* de *Pègres,* de *La Flèche* et de *Caux.*

Lequel croire? Thiébaut de Bernéaud, en reconnaissant avec M. Rousseau, qui a traversé la Russie sans y voir de coq russe, que cette variété est controuvée, pense que ce coq *parait être à peu près de la même race que celle du coq de Padoue et du coq de Caux.*

A ses torses *jaunes* et à son absence de *queue,* on pourrait croire que le coq russe décrit par Thiébaut de Bernéaud est un cochinchinois. La couleur des œufs ressemble aussi à celle de ces derniers. Est-ce une espèce à part? Les poules de *Padoue* et de *Caux* ont-elles des œufs roussâtres? Les auteurs modernes ne les décrivent pas.

En Bresse, on nomme *russes* les cochinchinois;

ces derniers font des œufs roux foncé. Mais peu importe que nous devions nos altérations à des cochinchinois ou à des russes, ou que ce soit à d'autres mélanges; nous pouvons dire que l'espèce bressanne s'en va.

Les russes, propagés seuls, ont des qualités; leurs formes nous conviennent, ils sont très-précoces pour le marché, de mœurs douces, s'engraissant facilement, croissant vite, chantant tard, et ayant très-souvent, chose bizarre, le *sternum tordu;* ce qui n'est pas dû au perchoir étroit, comme le pense M. Ch. Jacques, mais à une cause inconnue encore, car j'en ai eu ayant ce défaut, malgré mes perchoirs *larges et plats.*

Leur croisement avec la poule de Bresse fait très-bien, mais il faudrait s'y tenir et n'avoir rien autre. Le poulet dit *russe* n'est pas non plus un *Malais,* comme quelques personnes le pensent; le vrai malais, que l'on a présenté à tort pour venir de l'île de la *Réunion,* est un animal féroce et le plus terrible de tous les coqs connus (1). Il est d'ailleurs peu repandu.

Le cochinchinois possède aussi de grands mérites, mais il faut l'avoir pur, et peu de personnes aujourd'hui peuvent se flatter de le posséder. M. Ch. Jacques dit que sur cent, il n'y en a pas un qui soit exempt d'altérations (2).

Qu'on en juge par ceux qu'on a ; sans parler des types du plumage, le poids du coq de l'année doit être de neuf livres, celui de la poule de six. Nous avons des coqs fauves qui pèsent à peine deux kil.

(1) Voir *Bulletin de la Soc. d'Acclimat.*, 1858, et Ch. Jacques, p. 203.

(2) Nos coqs chinois de Bresse sont fauves, avec tous les types de race, mais ils ne pèsent pas quatre livres. Les poules sont très-petites ; c'est sans doute l'effet du climat européen.

Quant au gros *roux*, il se conserve en volume, mais il a la chair dure et devient méchant. Partout dans nos alentours on s'en défait.

Les mœurs du *fauve* sont douces ; pour les autres variétés si belles et si bonnes, la *faure*, la *noire*, la *blanche*, la *coucou*, car on les connaît peu en province, sont la *fauve* ou jaune clair.

La poule est une des premières couveuses et pondeuses ; mais ses œufs roux sont petits, dès lors peu propres à la vente. On dit que le jaune est plus gros que dans les autres, mais je ne l'ai pas reconnu.

La forme du cochinchinois, dont le *corps ramassé, court, cubique, trapu, anguleux* (1), au *sternum saillant*, à *ossature lourde*, ne pourrait pas améliorer l'espèce bressanne, quant à la forme et à la chair ; elle agit plus avantageusement sur ses mœurs, qu'elle adoucit beaucoup.

Les poulets, bons à six mois seulement, très-médiocres plus tard, et perdant leur graisse à la cuisson (2), ne pourraient nous offrir un avantage certain. Aussi, les croisements qui en sont résultés ont-ils complètement dénaturé notre espèce du pays. A la Saulsaie, on a renoncé depuis longtemps a ce coq pour se borner à l'élève de la race du pays. Et cependant, le coq cochinchinois *pur* (peu de personnes l'ont), peut, bien dirigé, je l'ai dit, amener de bons résultats. J'ai obtenu avec la poule de Bresse, bien tranchée et conservée, des poules métis, plus hautes de taille, très-douces et peu *criardes*, au corps allongé, à la graisse et chair blanches... mais... mais les œufs sont petits. D'autres éleveurs soutiennent que ces métis font de très-gros œufs ; cela ne m'a pas réussi encore.

(1) Ch. Jacques, p. 175.
(2) *Ibid.*

Elles sont très-bonnes couveuses et mères dévouées, abordables, intelligentes.

Un autre effet de ce croisement *bien surveillé*, serait utile encore. On peut garder ces produits pour avoir des pondeuses et des couveuses, qui manquent presque toujours à nos fermières. Mais comment tenir sans danger plusieurs espèces chez soi, si ce n'est dans des parcs séparés! Ce système sera bon pour les amateurs ; dans les campagnes il n'y faut pas songer.

—

Espèce de Bresse.

Pourquoi d'abord ne chercherions-nous pas à régénérer la poule du pays par elle-même? ses types sont perdus ou à peu près, mais on les trouve encore à *Beny* sous deux aspects très-précieux.

1° Les cultivateurs de cette commune ont une grosse espèce bressanne, très-hâtive, délicate à manger et fournissant ces gros chapons qui étonnent sur nos marchés ; les poulardes sont superbes et plus fines encore !

Comment ont donc fait ces braves gens pour conserver leur espèce avec ses qualités éminentes? Ils ne l'ont mélangée avec aucune autre ! Tel est le secret. Puis ils ont toujours mis à couver les œufs des plus belles poules, choisies incessamment parmi les bonnes déjà ; vendant tout ce qui est petit, mal fait, car comme dans cette localité à part ils ont tous de la bonne espèce, si quelquefois les coqs font des mélanges, il n'en résulte rien de mauvais.

Cette belle poule fait de gros œufs, mais peu abondants ; elle couve bien, mais sans excès ; son

mérite réel est pour l'engraissement et pour l'élève
des poulets, qui sont gros très-jeunes et se vendent
un bon prix; c'est un assez bel avantage.

Plaçons ici un avis bon à pratiquer; par suite des
procréations consanguines toujours de père en fils,
l'excès de *parenté* tend à abâtardir l'espèce. Je ne
m'étendrai pas sur ce point, on me comprendra
suffisamment. Pour éviter donc ce danger, je conseille aux éleveurs de Bény, surtout, de ne pas
garder pour eux un coq de la couvée dont ils
conserveront les pillettes. Ils doivent changer tous
les quatre ans avec leur voisin; c'est facile, mais
trop négligé, et c'est un point capital. Je regrette
de ne pouvoir ici me mettre plus à la portée des
cultivateurs (1).

A *Fradaigue,* hameau de *Bény,* il y a une autre
variété pleine de mérites; elle est très-délicate à
manger jeune ou engraissée. Elle est une des plus
précoces, faisant des œufs à quatre mois, couvant
tant qu'on veut, je l'ai dit déjà p. 33; ses autres
avantages y sont décrits.

Voilà les deux variétés à introduire, en tordant
le cou sans pitié à tout ce qu'on peut avoir, et sans
rien excepter, quelque effort que cela nous coûte;
pour régénérer, il faut faire table rase; pour conserver, on doit soigner avec propreté et nourrir
abondamment.

Autre moyen. — Je conseillerai à ceux qui ne
pourront avoir du *Bény...* de rechercher la variété
de *La Flèche,* qui est forte de taille et s'engraisse
bien; elle donne des œufs abondants, mais c'est
une mauvaise couveuse... inconvénient grave pour
celui qui n'a que cette variété. Mais la poule de
Houdan, qui a les mêmes qualités, moins les dé-

-----

(1) J'y reviendrai en termes plus simples dans notre *Alma-
nach Bressan.*

11

fauts, me paraît bien préférable ; elle est huppée, croit vite et fournit tous les marchés de Paris avec la *Crèvecœur*.

Cette dernière variété est encore pleine de mérites pour sa chair et on se la dispute, mais elle produit peu d'œufs et couve mal.

Comme on ne doit pas avoir plusieurs espèces si on veut réussir, c'est donc la variété de *Houdan* qui doit l'emporter ; on devrait l'avoir seule dans sa basse-cour, qui serait ainsi éblouissante. Elle est de taille moyenne, et c'est ce qu'il faut pour s'assortir mieux à la poule de Bresse. Je produirai ce coq à l'Exposition et chacun jugera, par sa forme allongée qui est celle que nous voulons en Bresse, si ce n'est pas ce qui nous convient. J'en donnerai moi-même aux cultivateurs qui m'en demanderont.

Ce coq très-perfectionné, de mœurs douces, intelligent à l'extrême, a le plumage marbré ; nos fermières l'appellent *gris* ; elles reconnaissent que celles de leurs volailles qui ont ce plumage s'engraissent vite. Il est remarquable que ce soit aussi le mérite du *Houdan* ; il fera fortune en Brésse, il ne faut que l'y présenter pour qu'on l'adopte.

Ceux qui auront de belles poules bressannes, possédant les qualités de douceur, de pondeuses, de couveuses et de chair fine, pourront les croiser avec un coq de *Houdan* ; il améliorera encore l'espèce et on conservera les petits les plus beaux en supprimant peu à peu leurs mères. Une fois la basse-cour ainsi rétablie, on aura soin de ne jamais faire aucun autre mélange.

Mais je rappelle qu'on n'aura ainsi que des *métis* ; qu'on ne les conservera purs qu'avec peine, et qu'il faudrait que le père n'engendrât pas avec sa descendance. Il faudra avant la deuxième génération prendre un coq ailleurs et ne pas en garder de *la même* couvée.

Quant aux deux belles variétés de *Bèny* et de *Fradaigue*, il ne faut pas les croiser, car elles sont très-améliorées déjà, et le croisement par le *Houdan* serait plutôt nuisible qu'utile. Si quelqu'un tentait sur elles un mélange, on devrait prendre le coq *Brahama poutra* bien pur, pour donner de la taille et les qualités nouvelles de son sang étranger ; il renforcerait la variété même améliorée, et je rappelle ici que c'est toujours par le mâle qu'on opère un croisement, car c'est lui *qui détermine les formes générales et les caractères en les transmettant à sa postérité* (1).

Il y a sur ce point des opinions contraires, mais je me range à celle qui reconnaît qu'il faut croiser par le mâle. L'amélioration par un mâle de race étrangère sera préférée aussi, parce que les pères d'une même race, par exemple un coq indigène, avec la poule de France quelconque, aura bientôt ramené à sa race tous les produits métis qu'on voudrait fixer avec son aide, si on continue pendant plusieurs générations. Ainsi, par exemple, un coq *Brahama poutra*, race *étrangère* pleine de qualités, soit pour la taille, soit pour l'aptitude à pondre et à couver, sera parfait pour conserver une belle race de poules françaises. En Bresse si on essayait ce croisement, on garderait les produits qui s'éloigneraient du *Brahama* pour le corps qui est *trapu*, en n'élevant que les sujets au *corps allongé* participant de la race Bressanne.

Je rappelle qu'on ne peut juger du résultat d'un croisement qu'après deux et même trois générations... Il serait bon dans ce cas, en gardant la première pour soi, de donner la seconde à son voisin qui n'aurait qu'elle. Puis supprimer ensuite la sienne pour prendre le meilleur de la seconde ; et une fois qu'on aurait une belle race, la conserver

(1) *Dict. pitt. d'hist. nat.*, art. *pigeon*, p. 29.

avec soin et la répandre. Les métis sont souvent plus féconds que la race pure. Qu'on ne rêve pas de chercher à avoir une race *nouvelle*, c'est fort rare et il faut, si on l'obtient par hasard, des soins de tous les jours pour la fixer. Le pigeon a été croisé à l'infini et n'a produit encore qu'une race nouvelle, le pigeon *cavalier*.

M. Ch. Jacque (1) pense que le croisement de la poule du pays avec le coq *cochinchinois* ou *brahama* serait avantageux, soit avec les femelles de ces deux races soit avec un coq français de première qualité.

On renouvellerait le coq tous les dix ans, c'est-à-dire qu'on prendrait ailleurs un nouveau coq pour éviter la parenté, inévitable avec *ceux* qu'on aurait dans l'intervalle.

On réserverait dans chaque croisement les sujets les plus lourds, les plus larges, les pattes grises, noires, blanches, et j'ajoute, les élèves les plus vite emplumés et ayant le corps le plus allongé, car en Bresse nous détestons les formes trapues, toujours osseuses et peu délicates.

Mais je rappelle qu'en persistant à conseiller les deux variétés cochinchinoises, M. Jacque veut qu'elles soient *pures* de race; alors elles sont rustiques, et donnent aux autres variétés leurs qualités fécondes, leur poids et leur volume considérable, fournissant des produits énormes, précoces et délicieux. Je copie presque textuellement. Mais sur cent mille cochinchinois ou *brahama*, notre auteur dit qu'il en existe en France à peine un qui soit bien pur. Alors où les chercher! Je conseille de plus fort mon coq de Houdan, avec les belles poules bressannes; ou les poules de Houdan, avec le coq du pays... Ils sont moyens, pleins de qualités réciproques qui s'augmenteront et se fixeront pour

(1) *Le Poulailler*, p. 249 et suiv.

longtemps, si on nourrit bien les produits et si la *sélection* est faite avec goût...

Depuis un an seulement, nos gens de campagne se mettent à adopter le coq blanc; voilà pourquoi nous voyons cette teinte dominer si fort dans les basses-cours; ils disent, sans savoir pourquoi, que *ça fait mieux!* L'explication véritable est que cet oléinisme amené à la longue par le mélange du sang sur place, rend l'espèce plus lymphatique et par conséquent plus apte à l'engrais et à la chair délicate. C'est un revirement bon à noter pour l'histoire locale; mais qu'on y prenne garde, on arrive sur la limite extrême du perfectionnement de l'espèce *pour la table,* et pour la conserver à cet état, il faut se pourvoir de coqs de Houdan. Ceux qui agiront ainsi s'en applaudiront, et les naturalistes n'auront qu'à les féliciter....

Je donne ici un tableau à l'aide duquel chacun pourra juger du mérite des variétés qu'il désire choisir. Je l'ai fait d'après celui de M. Paul Letrône (1). Il a eu l'excellente idée de réunir sous un cadre concis la description des poules connues. Le mien ne contient que les variétés bonnes à avoir ou à considérer. J'y ai fait figurer nos poules de Bresse, qui doivent tenir le haut bout avec ce qu'il y a de mieux.

(1) Voir le *Sud-Est* de 1859, p. 56.

NOMS DES RACES et VARIÉTÉS.	Poids moyen de la poule.	QUALITÉS productives.			QUALITÉS accessoires			TOTAL GÉNÉRAL.	TÊTE.	CORPS.	PLUMAGE.
		Produit d'œufs.	Chair délicate.	Engraissem^t facile.	Bonne ou mauvaise couveuse.	Précocité chair et ponte.	Rusticité.				
La Flèche.	3 »	1	1	1	5	3	1	12	Crête corne-épi.	Fort et charnu	Noir, viol^t, vert.
Fradaigue (1)	2 50	1	1	1	1	1	1	6	Crête simple.	Allongé charnu	Varié, le blanc domine.
De Bresse, h^{te} taille (2).	3 »	3	1	1	3	2	1	11	Id.	Id.	Très-varié.
Houdan.	2 50	2	2	2	2	2	1	11	En cornes, huppe	Id.	Caillouté, noir et blanc.
Crèvecœur.	3 »	3	1	1	5	1	3	14	Id. id.	Id.	id. id.
Bressan^e ord^{re}	2 »	3	3	2	3	2	1	14	Crête simple.	Id.	Varié.

Races étrangères.

NOMS DES RACES et VARIÉTÉS.	Poids moyen de la poule.	Produit d'œufs.	Chair délicate.	Engraissem^t facile.	Bonne ou mauvaise couveuse.	Précocité chair et ponte.	Rusticité.	TOTAL GÉNÉRAL.	TÊTE.	CORPS.	PLUMAGE.
Dorking.	2 50	3	1	1	3	1	4	13	Crête simple.	Charnu.	Panaché gris ou fauve.
Brahama.	3 50	1	3	3	1	3	2	13	Id.	Fort et osseux	Blanc, panache noir.
Cochinchin^{se}.	3 »	1	4	3	1	4	3	16	Id.	Id.	Fauve, roux, coucou, perdrix, violet, fauve, panach
Courte-patte.	2 »	1	1	1	1	1	1	6	Demi-huppe.	Id.	Varié noir et fauve.
Bantam.	1/2 »	3	2	1	1	3	2	12	Id.	Id.	Blanc pur ou doré

(1) Hameau de Bény (Ain). — (2) De Bény.

Pour comprendre ce tableau, il faut totaliser les *qualités* de chaque variété. A ce compte, on le voit, la poule de *Bény* et celle de *Fradaigue* l'emportent sur celles de *La Flèche* et de *Houdan,* et même de *Crèvecœur;* elles réunissent tout, en laissant la colonne *du volume, à part* sans la compter.

Ainsi, pour les *qualités productives,* la poule de *Fradaigue* a 3, comme celle de *La Flèche.* Mais si on considère les *qualités accessoires,* cette dernière a 9 et l'autre 3 encore. En total général, la *Bressanne* perfectionnée n'a que 6 et *la Flèche* 12.

La *Houdan* n'a que 11, c'est le chiffre le plus faible et le meilleur alors. La poule *Corking,* très-prônée en Angleterre, est trop délicate à élever pour nous, quoique le climat puisse lui aller... mais qu'on y songe, elle est toute *améliorée déjà;* par conséquent inutile à introduire en Bresse. Elle ne peut que perdre à être propagée chez nous; c'est par cette même raison que la *Fradaigue* perdrait ailleurs et qu'elle doit rester dans son pays où elle fructifie.

A mon tableau j'ai ajouté trois colonnes qui auraient pu figurer encore dans celui de M. Letrône, ce sont les trois dernières en chiffres. Il importe, à coup sûr, de connaître la *précocité* et la *rusticité* de ses poules; cette appréciation complète le beau travail de M. Letrône.

Le poids des œufs est aussi quelque chose à considérer. On juge ainsi de la grosseur comparative. Je n'ai pas voulu en faire une colonne à part, car je n'ai ce poids que pour les espèces suivantes :

Grosse espèce de Bény, 12 œufs. . . . 820
Moyenne   id.   id.   . . . 780
Crèvecœur très-gros . . . . » (1)

(1) D'après Mme Milliet.

D'Espagne 780 (1)
Cochinchinoise, 12 œufs 720
Bressanne ordinaire. 720
Poule russe, œuf roux petits 650
Bantam blanc 500

Tels sont les conseils que je donne en abrégé, mais assez étendus, je crois, pour être compris. Le sujet est si vaste et si important au fond si on tient à réussir, que je voudrais pouvoir tout dire. Pour agir sur les cultivateurs eux-mêmes, il faudrait les tenir par le collet et leur inculquer de vive force ces idées nouvelles pour eux ; c'est aux gens instruits qui les approchent de me seconder, ce sera un service rendu au pays et à eux-mêmes qui sont propriétaires en Bresse.

(1) Selon M. Hardi, directeur en Algérie.

Productions géologiques de l'Ain.

Si un local pouvait être mis à la disposition des collectionneurs en histoire naturelle du département de l'Ain, j'ai lieu d'espérer que nos richesses en ce genre offriraient à l'homme d'étude un coup-d'œil des plus intéressants. L'homme du monde et du peuple lui-même y puiseraient, je le suppose, des réflexions utiles, en admirant ce que la nature a réparti sous nos yeux... puis le goût des choses naturelles, qui nous touchent de si près que nous les contemplons à peine, se glisserait peu à peu dans nos habitudes; leur aspect varié et leur nature si utile dans l'industrie et dans les arts ne pourraient qu'exciter en nous le désir de nous instruire...

Fossiles. — Le département recèle des richesses géologiques que les étrangers nous envient; on vient du Midi avec des voitures enlever les fossiles d'Oyonnax qui reposent dans un calcaire blanc oolithique; il y en a de *rarissimes!*... Ceux de la perte du Rhône, voisin du *grès vert,* excitent sans cesse la convoitise des visiteurs jaloux de s'instruire. Nos sommets jurassiens recèlent à leur tour de nombreux fossiles, moins rares, plus connus, mais non moins curieux à considérer, autant dans leur nombre que dans leur structure. Ai-je besoin de rappeler leurs noms, chose facile; je craindrais qu'on ne m'accusât de faire de la science à bon marché. Ma collection, modeste encore, renferme cependant des éléments bons à connaître. D'autres amateurs dans l'Ain ont aussi des collections plus ou moins belles qu'ils aimeraient, je pense, à produire pour montrer tout l'éclat que notre contrée renferme.

Mines. — Sans avoir des minerais de premier

12

ordre, nous possédons de belles choses en ce genre; *Villebois* présente ses gisements ferrifères, où diverses variétés de *fer sulfuré* cubique se rencontrent fréquemment; des cristallisations *spathiques;* des fossiles ferrugineux où l'*ammonite* domine.

Soblet exploite ses bancs massifs de *lignites* où les bois antiques sont presque à l'état ligneux. On y voit des noyers, des châtaigners, du *jayet* et des *testacés* d'eau douce du genre *limnée* et *bulime.*

Douvres fournit les mêmes produits, mais il faut descendre bas pour les exploiter; à *Soblet* la mine est à ciel ouvert et accumulée en masses superbes.

L'*asphalte* se récolte à Pyrimont, près de Seyssel, et son importance récente reconnue dans les arts lui donne une haute valeur; non seulement tous nos trottoirs français en sont garnis, mais on essaye à Paris le pavage en pierres asphaltiques, douces aux pieds des chevaux et peu retentissantes; si l'expérience réussit, notre département verra croître son importance.

Saint-Germain-les-Paroisses fournit depuis peu ses *huiles de schiste* et autres productions chimiques dont l'industrie s'empare avec empressement. Sa raison sociale : *Chaland, Benoît et comp.* à Ambronay, est en rapport déjà avec la consommation intérieure.

Les pierres lithographiques de *Marchamp*, d'un grain parfait et jaunâtre, viennent après celles de la Bavière, mais on les prise beaucoup.

En les exploitant, on a découvert tout récemment des poissons fossiles, enserrés dans un schiste calcaire très-compact; c'est une curiosité qui attire à bon droit l'attention des naturalistes; on se les arrache à grand prix. Ces poissons ressemblent aux *paléoniscus* des schistes d'Autun, mais ils sont à l'état solide et ne s'effeuillent pas comme eux.

Le *calcaire blanc,* oolithique de *Ramasse,* mérite

qu'on étudie les gisements fortement exploités depuis un temps immémorial ; ils sont très-utiles pour nos constructions gothiques ; son grain tendre se prête très-bien à la taille.

Poteries. — Nous possédons à Meillonnas la première terre à poterie ; elle contient, réunies en proportions très-heureuses, toutes les substances qu'on donne artificiellement aux argiles plastiques qu'on veut faire aller au feu.

La poterie de Meillonnas est d'une structure modeste et sert aux petits ménages ; ce n'est ni de la terre de *pipe*, ni de la porcelaine qu'on y confectionne, mais de la bonne faïence à l'usage de tous.

Des cruchons en grès s'y fabriquent pourtant ; les potiers de Bourg, jaloux de se tenir au niveau de la céramique toujours en progrès, façonnent cependant des poteries d'un très beau style. Bozonnet se livre spécialement à reproduire les types antiques et moule avec art ses vases qui excitent l'attention des connaisseurs.

Le *kaolin*, si prisé des porcelainiers, pourrait s'exploiter chez nous ; des spécimens en ont été aperçus à *Hautecour*... mais ce genre d'industrie n'est pas dans nos habitudes locales et l'attention se porte ailleurs.

Enfin une belle carrière de *gypse* a été découverte depuis peu à Saint-Rambert (Bugey). Le *sel gemme* qui accompagne presque toujours ce genre de dépôt, a été aperçu aussi. Je ne puis rien dire de ce produit ; les efforts que j'ai faits pour en obtenir des échantillons ont été infructueux jusqu'à ce jour, malgré quelques belles promesses.

Voilà certes bien des éléments précieux à exposer aux regards de tous. J'ai la conviction que bien des producteurs tiendront à nous montrer ce qu'ils exploitent ; mais tout cela donné à part, sans coor-

dination et sans méthode uniforme , fera peu
d'effet....

—

Productions spéciales du sol de l'Ain.

Nous avons parlé du miel et des fromages qui
puisent leurs éléments dans le sol de l'Ain; cependant ce ne sont pas des produits proprement dits
de ce sol. Le règne végétal nous fournit aussi son
contingent. Nous avons une foule de champi-
gnons comestibles dont on verrait avec plaisir la
collection au Concours.

Sans parler du *ceps*, de l'*oronge*, de la *chanterelle*,
de l'*agaric esculent* (ou de couche), nous récoltons
encore la *morille* dans les sapins des environs de
Nantua , et la *truffe noire* d'une qualité parfaite dans
le canton de Belley, à *Contrevoz* surtout... Nous
aimerions à voir figurer aussi ces dernières... mais
il faudrait des attestations authentiques, et comment les apprécier bien, puisqu'elles seraient en
conserves toujours si loin de la nature.

—

L'industrie vient d'être admise au Concours. Si
elle répond à l'appel, il lui faudra bien de la place.
Un délai spécial jusqu'au 8 mai lui a été accordé en
sollicitant une admission à M. le préfet de l'Ain.

Ainsi les tabatières et les peignes d'Oyonnax,
les pierres *fausses* qui se montent dans la vallée de
Mijoux, les poteries diverses de l'Ain, la *boissellerie*,
et tous les produits intéressants de nos fabriques
nombreuses, peuvent prendre part à l'exhibition
prochaine vraiment générale pour le département
de l'Ain.

TABLE ANALYTIQUE.

—

Apiculture.

Fruitières de l'Ain.

Vins du département de l'Ain.

9 782329 459899